软件开发微视频讲堂

Oracle 从入门到精通

（微视频精编版）

明日科技　编著

清华大学出版社
北京

内 容 简 介

本书内容浅显易懂，实例丰富，详细介绍了从基础入门到 Oracle 数据库高手需要掌握的知识。

全书分为上下两册：核心技术分册和项目实战分册。核心技术分册共 2 篇 20 章，包括 Oracle 11g 概述、Oracle 管理工具、SQL*Plus 命令、数据表操作、SQL 查询基础、SQL 查询进阶、多表关联查询、子查询及常用系统函数、操作数据库、PL/SQL 语言编程、游标、过程与函数、触发器、数据表约束、索引、视图、序列、管理表空间和数据文件、事务，以及数据导入与导出等内容。项目实战分册共 4 章，介绍了 Oracle 经典范例应用，以及企业人事管理系统、超市进销存管理系统和汽配管理系统共 3 个完整企业项目的真实开发流程。

本书除纸质内容外，配书资源包中还给出了海量开发资源，主要内容如下。

- ☑ 微课视频讲解：总时长 17 小时，共 181 集
- ☑ 技术资源库：600 页专业参考文档
- ☑ 测试题库系统：138 道能力测试题目
- ☑ 实例资源库：436 个实例及源码详细分析
- ☑ 项目案例资源库：3 个企业项目开发过程
- ☑ 面试资源库：369 个企业面试真题

本书适合有志于从事软件开发的初学者、高校计算机相关专业学生和毕业生，也可作为软件开发人员的参考手册，或者高校的教学参考书。

本书封面贴有清华大学出版社防伪标签，无标签者不得销售。
版权所有，侵权必究。举报：010-62782989，beiqinquan@tup.tsinghua.edu.cn。

图书在版编目（CIP）数据

Oracle 从入门到精通：微视频精编版/明日科技编著．—北京：清华大学出版社，2020.7（2022.1 重印）
（软件开发微视频讲堂）
ISBN 978-7-302-52209-6

Ⅰ．①O… Ⅱ．①明… Ⅲ．①关系数据库系统 Ⅳ．①TP311.138

中国版本图书馆 CIP 数据核字（2019）第 016134 号

责任编辑：贾小红
封面设计：魏润滋
版式设计：文森时代
责任校对：马军令
责任印制：沈 露

出版发行：清华大学出版社
网　　址：http://www.tup.com.cn, http://www.wqbook.com
地　　址：北京清华大学学研大厦 A 座
邮　　编：100084
社 总 机：010-62770175
邮　　购：010-62786544
投稿与读者服务：010-62776969，c-service@tup.tsinghua.edu.cn
质量反馈：010-62772015，zhiliang@tup.tsinghua.edu.cn

印 装 者：三河市龙大印装有限公司
经　　销：全国新华书店
开　　本：203mm×260mm　　印　张：31.5　　字　数：837 千字
版　　次：2020 年 7 月第 1 版　　印　次：2022 年 1 月第 2 次印刷
定　　价：99.80 元（全 2 册）

产品编号：079163-01

前 言
Preface

Oracle 数据库系统是美国 Oracle（甲骨文）公司提供的以分布式数据库为核心的一组软件产品，是目前最流行的客户/服务器（Client/Server，C/S）或浏览器/服务器（Browser/Server，B/S）体系结构的数据库之一。Oracle 数据库是目前世界上使用最为广泛的数据库管理系统之一，作为一个通用的数据库系统，它具有完整的数据管理功能；作为一个关系数据库，它是一个完备关系的产品；作为分布式数据库，它实现了分布式处理功能。关于 Oracle 的所有知识，只要在一种机型上学习后，便能在各种类型的机器上使用。

本书内容

本书分上下两册，上册为核心技术分册，下册为项目实战分册，大体结构如下图所示。

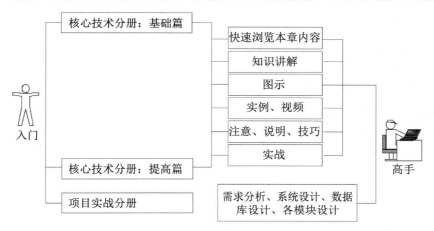

核心技术分册共分 2 篇 20 章，提供了从基础入门到 Oracle 数据库高手所必备的各类知识。

基础篇：介绍了 Oracle 11g 概述、Oracle 管理工具、SQL*Plus 命令、数据表操作、SQL 查询基础、SQL 查询进阶、多表关联查询、子查询及常用系统函数、操作数据库，以及 PL/SQL 语言编程等内容，并结合大量的图示、实例、视频和实战等，使读者快速掌握 Oracle 数据库基础，为以后编程奠定坚实的基础。

提高篇：介绍了游标、过程与函数、触发器、数据表约束、索引、视图、序列、管理表空间和数据文件、事务，以及数据导入与导出等内容。学习完本篇，读者将能够开发一些中小型应用程序。

项目实战分册共 4 章，介绍了 Oracle 经典范例应用，以及 3 个完整企业项目（企业人事管理系统、超市进销存管理系统和汽配管理系统）的真实开发流程。书中按照"系统分析→系统设计→数据库设计→主窗体设计→项目主要功能模块的实现"的流程进行介绍，带领读者亲身体验项目开发的全过程，提升实战能力，实现到高手的跨越。

本书特点

- ☑ **由浅入深，循序渐进**。本书以初、中级程序员为对象，先从 Oracle 基础学起，再学习 Oracle 的核心技术及高级应用，最后学习通过 Oracle 来开发一个完整项目。讲解过程中步骤详尽，版式新颖，图示形象逼真，让读者在阅读中一目了然，从而快速把握书中内容。
- ☑ **实例典型，轻松易学**。通过例子学习是最好的学习方式，本书通过"一个知识点、一个例子、一个结果、一段评析、一个综合应用"的模式，透彻详尽地讲述了实际开发中所需的各类知识。另外，为了便于读者阅读程序代码，快速学习编程技能，书中几乎每行代码都提供了注释。
- ☑ **微课视频，讲解详尽**。本书为便于读者直观感受程序开发的全过程，书中大部分章节都配备了教学微视频，使用手机扫描正文小节标题一侧的二维码，即可观看学习，能快速引导初学者入门，感受编程的快乐和成就感，进一步增强学习的信心。
- ☑ **精彩栏目，贴心提醒**。本书根据需要在各章安排了"注意""说明""常见错误""多学两招"等小栏目，让读者可以在学习过程中更轻松地理解相关知识点及概念，更快地掌握个别技术的应用技巧。
- ☑ **实战练习，巩固所学**。书中各章都安排了实战环节，并给出了实战的效果，读者可以根据所学知识，亲自动手实现这些实战项目，如果在实现过程中遇到问题，可以从资源包中获取相应实战的源码，进行解读。
- ☑ **紧跟潮流，流行技术**。本书采用 Oracle 常用的数据库版本——Oracle 11g，使用自带的图形化界面工具 SQL Developer 操作数据库，使读者能够紧跟技术发展的脚步。

本书资源

为帮助读者学习，本书配备了长达 17 个小时（共 181 集）的微课视频讲解。除此以外，还为读者提供了"Java 开发资源库"系统，可以帮助读者快速提升编程水平和解决实际问题的能力。

本书和 Java 开发资源库配合学习流程如图所示。

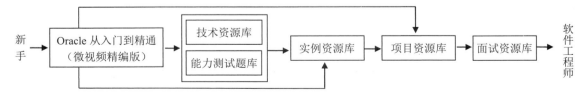

Java 开发资源库的主界面如下图所示。

开发资源库
使用说明

在学习本书的过程中,可以选择技术资源库、实例资源库和项目资源库等的相应内容学习,进而全面提升个人综合编程技能和解决实际开发问题的能力,为成为软件开发工程师打下坚实基础。

对于数学逻辑能力和英语基础较为薄弱的读者,或者想了解个人数学逻辑思维能力和编程英语基础的用户,开发资源库系统提供了数学及逻辑思维能力测试和编程英语能力测试供练习和测试。面试资源库提供了大量国内外软件企业的常见面试真题,同时还提供了程序员职业规划、程序员面试技巧、虚拟面试系统等精彩内容,是程序员求职面试的绝佳指南。

读者对象

- ☑ 初学编程的自学者
- ☑ 大中专院校的老师和学生
- ☑ 毕业设计的学生
- ☑ 程序测试及维护人员
- ☑ 编程爱好者
- ☑ 相关培训机构的老师和学员
- ☑ 初、中级程序开发人员
- ☑ 参加实习的"菜鸟"程序员

读者服务

学习本书时,请先扫描封底的权限二维码(需要刮开涂层)获取学习权限,然后即可免费学习书中的所有线上线下资源。本书所附赠的各类学习资源,读者可登录清华大学出版社网站(www.tup.com.cn),在对应图书页面下获取其下载方式。也可扫描图书封底的"文泉云盘"二维码,获取其下载方式。

致读者

　　本书由明日科技程序开发团队组织编写,明日科技是一家专业从事软件开发、教育培训以及软件开发教育资源整合的高科技公司,其编写的教材既注重选取软件开发中的必需、常用内容,又注重内容的易学、方便以及相关知识的拓展,深受读者喜爱。其编写的教材多次荣获"全行业优秀畅销品种""中国大学出版社优秀畅销书"等奖项,多个品种长期位居同类图书销售排行榜的前列。在编写过程中,我们以科学、严谨的态度,力求精益求精,但错误、疏漏之处在所难免,敬请广大读者批评指正。

　　感谢您购买本书,希望本书能成为您编程路上的领航者。

　　"零门槛"编程,一切皆有可能。

　　祝读书快乐!

编　者
2020 年 7 月

目录

第 21 章 Oracle 经典范例应用 315
21.1 基础查询 315
- 21.1.1 查询多个列名 315
- 21.1.2 查询所有列 316
- 21.1.3 使用列别名 316
- 21.1.4 在列上加入计算 317
- 21.1.5 查询数字 317

21.2 通配符查询 318
- 21.2.1 利用_通配符进行查询 318
- 21.2.2 利用%通配符进行查询 318
- 21.2.3 利用[]通配符进行查询 319
- 21.2.4 利用[^]通配符进行查询 319
- 21.2.5 检索姓名以字母 A 开头的员工信息 320
- 21.2.6 复杂的模糊查询 320

21.3 限定查询 321
- 21.3.1 利用 IN 谓词限定范围 321
- 21.3.2 利用 NOT IN 限定范围 321
- 21.3.3 利用 ALL 谓词限定范围 322
- 21.3.4 利用 ANY 谓词限定范围 322
- 21.3.5 NOT 与谓词进行组合条件的查询 323
- 21.3.6 查询时不显示重复记录 323
- 21.3.7 列出数据中的重复记录和记录条数 324
- 21.3.8 去除记录中指定字段的空值 324
- 21.3.9 获取记录中指定字段的空值 325
- 21.3.10 查询前 5 名数据 325
- 21.3.11 查询后 5 名数据 325
- 21.3.12 取出数据统计结果前 3 名数据 326

21.4 日期与时间查询 326
- 21.4.1 查询指定日期的数据 326
- 21.4.2 查询指定时间段的数据 327
- 21.4.3 按月查询数据 328

21.5 多条件查询 328
- 21.5.1 利用 BETWEEN 进行区间查询 328
- 21.5.2 利用 OR 进行查询 329
- 21.5.3 利用 AND 进行查询 329
- 21.5.4 同时利用 OR、AND 进行查询 330

21.6 分组及排序查询 330
- 21.6.1 在分组查询中使用 ALL 关键字 330
- 21.6.2 在分组查询中使用 HAVING 子句 331
- 21.6.3 在分组查询中使用 ROLLUP 331
- 21.6.4 对统计结果进行排序 332
- 21.6.5 数据分组统计（单列） 332
- 21.6.6 按仓库分组统计图书库存（多列） 332
- 21.6.7 多表分组统计 333
- 21.6.8 使用 COMPUTE 333

21.7 函数查询 334
- 21.7.1 利用聚合函数 SUM 对销售额进行汇总 ... 334
- 21.7.2 利用聚合函数 AVG 求某班学生的平均年龄 334
- 21.7.3 利用聚合函数 MIN 求最小值 335
- 21.7.4 利用聚合函数 MAX 求最大值 335
- 21.7.5 利用聚合函数 COUNT 求日销售额大于某值的商品数 336
- 21.7.6 使用 ROUND 函数 336
- 21.7.7 使用 SYSDATE 函数 336
- 21.7.8 使用 ADD_MONTHS 函数 337
- 21.7.9 使用 ASCII 函数 337
- 21.7.10 使用 SUBSTR 函数 338
- 21.7.11 使用 LTRIM、RTRIM 和 TRIM 函数 338
- 21.7.12 使用 LOWER、UPPER 函数 338
- 21.7.13 使用 LENGTH 函数 339

21.8 多表查询 339
- 21.8.1 利用 FROM 子句进行多表查询 339
- 21.8.2 使用表的别名 340

21.8.3 合并多个结果集	341
21.9 子查询	341
21.9.1 由 IN 引入的子查询	341
21.9.2 EXISTS 子查询实现两表交集	342
21.9.3 在 SELECT 子句中的子查询	343
21.9.4 在子查询中使用聚合函数	343
21.9.5 使用子查询更新数据	344
21.9.6 使用子查询删除数据	345
21.9.7 复杂的嵌套查询	345
21.9.8 嵌套查询在查询统计中的应用	346
21.9.9 使用 UNION 运算符	346
21.9.10 一对多联合查询	347
21.9.11 对联合查询后的结果进行排序	348
21.10 连接查询	348
21.10.1 简单内连接查询	348
21.10.2 复杂的内连接查询	349
21.10.3 自连接	349
21.10.4 LEFT JOIN 查询	350
21.10.5 RIGHT JOIN 查询	351
21.10.6 使用外连接进行多表联合查询	352
21.10.7 完全外连接	352
21.11 小结	353

第 22 章 Java+Oracle 实现企业人事管理系统 354
- 22.1 开发背景 354
- 22.2 系统分析 354
- 22.3 系统设计 355
  - 22.3.1 系统目标 355
  - 22.3.2 系统功能结构 355
  - 22.3.3 系统预览 356
  - 22.3.4 业务流程图 358
  - 22.3.5 文件夹结构设计 359
- 22.4 数据库设计 359
  - 22.4.1 数据库分析 359
  - 22.4.2 数据库概念设计 359
  - 22.4.3 数据库逻辑结构设计 360
- 22.5 主窗体设计 361
  - 22.5.1 导航栏的设计 361
  - 22.5.2 工具栏的设计 364

- 22.6 公共模块设计 366
  - 22.6.1 编写 Hibernate 配置文件 366
  - 22.6.2 编写 Hibernate 持久化类和映射文件 367
  - 22.6.3 编写通过 Hibernate 操作持久化对象的常用方法 368
  - 22.6.4 创建具有特殊效果的部门树对话框 369
  - 22.6.5 创建通过部门树选取员工的面板和对话框 371
- 22.7 人事管理模块设计 372
  - 22.7.1 人事管理模块功能概述 373
  - 22.7.2 人事管理模块技术分析 374
  - 22.7.3 人事管理模块的实现过程 374
- 22.8 待遇管理模块设计 380
  - 22.8.1 待遇管理模块功能概述 380
  - 22.8.2 待遇管理模块技术分析 381
  - 22.8.3 待遇管理模块的实现过程 381
- 22.9 系统维护模块设计 386
  - 22.9.1 系统维护模块功能概述 386
  - 22.9.2 系统维护模块技术分析 388
  - 22.9.3 系统维护模块实现过程 388
- 22.10 小结 392

第 23 章 VC+++Oracle 实现超市进销存管理系统 393
- 23.1 开发背景 393
- 23.2 系统分析 393
- 23.3 系统设计 394
  - 23.3.1 系统目标 394
  - 23.3.2 系统功能结构 394
  - 23.3.3 系统预览 395
  - 23.3.4 业务流程图 395
  - 23.3.5 数据库设计 396
- 23.4 公共模块设计 400
- 23.5 主窗体设计 402
- 23.6 商品信息模块设计 404
  - 23.6.1 商品信息模块概述 404
  - 23.6.2 商品信息模块技术分析 405
  - 23.6.3 商品信息模块实现过程 406
- 23.7 供应商信息模块设计 411
  - 23.7.1 供应商信息模块概述 411

目 录

- 23.7.2 供应商信息模块技术分析 411
- 23.7.3 供应商信息模块实现过程 413
- 23.8 销售查询模块设计 419
  - 23.8.1 销售查询模块概述 419
  - 23.8.2 销售查询模块技术分析 419
  - 23.8.3 销售查询模块实现过程 420
- 23.9 日结查询模块设计 423
  - 23.9.1 日结查询模块概述 423
  - 23.9.2 日结查询模块技术分析 423
  - 23.9.3 日结查询模块实现过程 424
- 23.10 前台销售模块设计 426
  - 23.10.1 前台销售模块概述 426
  - 23.10.2 前台销售模块技术分析 427
  - 23.10.3 前台销售模块实现过程 428
- 23.11 小结 432

第 24 章 VC++ + Oracle 实现汽配管理系统 433

- 24.1 开发背景 433
- 24.2 系统分析 433
- 24.3 系统设计 434
  - 24.3.1 系统功能结构 434
  - 24.3.2 系统预览 434
  - 24.3.3 汽配管理系统业务流程图 436
- 24.4 数据库设计 436
  - 24.4.1 数据库概要说明 436
  - 24.4.2 数据库逻辑设计 437
- 24.5 公共模块设计 439
  - 24.5.1 数据库操作类 RxADO 的设计 439
  - 24.5.2 特殊按钮类 CBaseButton 类的制作 443
  - 24.5.3 扩展的组合框 CBaseComboBox 类 446
- 24.6 主窗体设计 448
  - 24.6.1 主窗体模块概述 448
  - 24.6.2 主窗体实现过程 448
- 24.7 系统登录模块设计 453
  - 24.7.1 系统登录模块概述 453
  - 24.7.2 系统登录模块逻辑分析 454
  - 24.7.3 系统登录模块实现过程 454
- 24.8 基础信息查询模块设计 457
  - 24.8.1 基础信息查询模块概述 457
  - 24.8.2 基础信息查询模块实现过程 458
- 24.9 商品信息模块设计 460
  - 24.9.1 商品信息模块概述 460
  - 24.9.2 商品信息模块数据表分析 460
  - 24.9.3 商品信息模块实现过程 461
- 24.10 日常业务处理模块设计 466
  - 24.10.1 日常业务处理模块概述 466
  - 24.10.2 日常业务处理模块实现过程 467
- 24.11 小结 480

第 21 章　Oracle 经典范例应用

本章主要以范例形式讲解 Oracle 数据库中常用的查询，以便用户在实际开发中方便地进行使用。

重点练习内容：

- ☑ 基础查询
- ☑ 通配符查询
- ☑ 限定查询
- ☑ 日期与时间查询
- ☑ 多条件查询
- ☑ 分组及排序查询
- ☑ 函数查询
- ☑ 多表查询
- ☑ 子查询
- ☑ 连接查询

21.1　基 础 查 询

21.1.1　查询多个列名

本例实现查询 scott.dept 表的"部门编号"和"部门名称"两个字段。结果如图 21.1 所示。

图 21.1　查询多个列名

实现过程如下：

（1）启动 SQL*Plus，输入用户名 scott、口令 tiger 连接数据库。

（2）使用 SELECT 语句检索 scott.dept 表中 deptno、dname 两个字段。

（3）主要程序代码如下。

```
SQL> select deptno,dname from scott.dept;
```

21.1.2 查询所有列

SCOTT 模式下，在 SELECT 语句中使用星号（*）来检索 dept 表中所有的数据。结果如图 21.2 所示。

图 21.2 查询所有列

实现过程如下：

（1）启动 SQL*Plus，输入用户名 scott、口令 tiger 连接数据库。

（2）使用 SELECT 语句检索 scott.dept 表中的所有列。

（3）主要程序代码如下。

```
SQL> connect scott/tiger
SQL> select * from dept;
```

21.1.3 使用列别名

本例实现在 SCOTT 模式下，检索 emp 表的指定列（empno、ename、job），并使用 AS 关键字为这些列指定中文的别名。结果如图 21.3 所示。

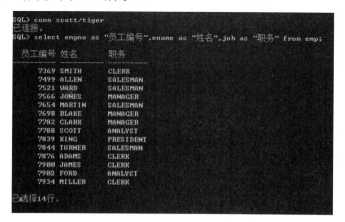

图 21.3 使用列别名

实现过程如下：

（1）启动 SQL*Plus，输入用户名 scott、口令 tiger 连接数据库。

（2）使用 AS 关键字指定列的别名。

（3）主要程序代码如下。

```
SQL> conn scott/tiger
SQL> select empno as "员工编号",ename as "姓名",job as "职务" from emp;
```

21.1.4　在列上加入计算

本例实现在列上加入计算。在 emp 表中，计算每个部门的平均工资，并按照部门编号分组。结果如图 21.4 所示。

图 21.4　在列上加入计算

实现过程如下：

（1）启动 SQL*Plus，输入用户名 scott、口令 tiger 连接数据库。

（2）通过聚合函数 AVG 计算平均工资，通过 GROUP BY 分组。

（3）主要程序代码如下。

```
SQL> select deptno as "部门编号",avg(sal) as "平均工资" from emp group by deptno;
```

21.1.5　查询数字

本例实现查询 emp 表中工资为 3 000 的员工信息记录。结果如图 21.5 所示。

图 21.5　查询数字

实现过程如下：

（1）启动 SQL*Plus，输入用户名 scott、口令 tiger 连接数据库。

（2）通过 WHERE 限定查询条件，检索工资为 3 000 的记录。

（3）主要程序代码如下。

SQL> select * from emp where sal = 3000;

21.2 通配符查询

21.2.1 利用_通配符进行查询

本例利用_通配符查询 dept 表中，部门位置末尾 5 个字符为 OSTON 的部门信息。结果如图 21.6 所示。

图 21.6 利用_通配符进行查询

实现过程如下：
（1）启动 SQL*Plus，输入用户名 scott、口令 tiger 连接数据库。
（2）利用_通配符进行查询，指定 loc 字段末尾 5 个字符为 OSTON。
（3）主要程序代码如下。

SQL> select * from dept where loc like '_OSTON';

21.2.2 利用%通配符进行查询

在模糊查询中，%通配符代表了零到多个字符。本例中使用 LIKE 运算符和%通配符进行模糊查询。在 emp 表中，使用 LIKE 关键字匹配以字母 S 开头的任意长度的员工姓名。结果如图 21.7 所示。

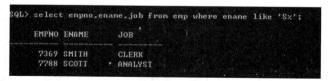

图 21.7 利用%通配符进行查询

实现过程如下：
（1）启动 SQL*Plus，输入用户名 scott、口令 tiger 连接数据库。
（2）利用%通配符进行查询，指定 ename 字段开头字符为 S。
（3）主要程序代码如下。

SQL> select empno,ename,job from emp where ename like 'S%';

21.2.3　利用[]通配符进行查询

在模糊查询中，[ ]通配符代表方括号范围内的单个字符。本例中使用正则表达式函数REGEXP_LIKE 和[ ]通配符进行模糊查询。查询 emp 表中，员工姓名以 S 或 A 或 J 开头的员工工号、姓名和工作。结果如图 21.8 所示。

图 21.8　利用[]通配符进行查询

实现过程如下：

（1）启动 SQL*Plus，输入用户名 scott、口令 tiger 连接数据库。

（2）通过 REGEXP_LIKE 查询以 S、A、J 开头的员工信息。

（3）主要程序代码如下。

```
SQL> select empno,ename,job from emp where REGEXP_LIKE(ename,'^[SAJ]');
```

21.2.4　利用[^]通配符进行查询

在模糊查询中，[^]通配符代表非方括号范围内的单个字符。本例中使用正则表达式函数REGEXP_LIKE 和[^]通配符进行模糊查询。查询 dept 表中，部门名称不是 A 或 S 开头的部门信息。结果如图 21.9 所示。

图 21.9　利用[^]通配符进行查询

实现过程如下：

（1）启动 SQL*Plus，输入用户名 scott、口令 tiger 连接数据库。

（2）通过 REGEXP_LIKE 查询部门名称不是以 A 或 S 开头的部门信息。

（3）主要程序代码如下。

SQL> select * from dept where regexp_like(dname,'^[^AS]');

21.2.5 检索姓名以字母 A 开头的员工信息

本例实现使用 LIKE 运算符和%通配符进行模糊查询，检索姓名以字母 A 开头的员工信息。结果如图 21.10 所示。

图 21.10 检索姓名以字母 A 开头的员工信息

实现过程如下：

（1）启动 SQL*Plus，输入用户名 scott、口令 tiger 连接数据库。
（2）使用%通配符查询姓名以字母 A 开头的员工信息。
（3）主要程序代码如下。

SQL> select empno,ename,job from emp where ename like 'A%';

21.2.6 复杂的模糊查询

模糊查询是数据查询中经常用到的一种查询方式。在查询的时候，经常会忘记要查询的全部内容，这时就需要运用模糊查询。本例实现在 emp 表中查询姓名首字母为 A，职业是售货员而且部门编号是 3 开头的两位数的职工信息。结果如图 21.11 所示。

图 21.11 复杂的模糊查询

实现过程如下：

（1）启动 SQL*Plus，输入用户名 scott、口令 tiger 连接数据库。
（2）使用%通配符查询姓名首字母为 A，职业是售货员而且部门编号是 3 开头的两位数的职工信息。
（3）主要程序代码如下。

SQL> select ename ,job ,deptno from emp where ename like 'A%'
and job = 'SALESMAN'
and deptno like '3_';

21.3 限定查询

21.3.1 利用 IN 谓词限定范围

当测试一个数据值是否匹配一组目标值中的一个时，通常使用 IN 关键字来指定列表搜索条件。本例实现在 emp 表中，使用 IN 关键字查询职务为 PRESIDENT、MANAGER 和 ANALYST 中任意一种的员工信息。结果如图 21.12 所示。

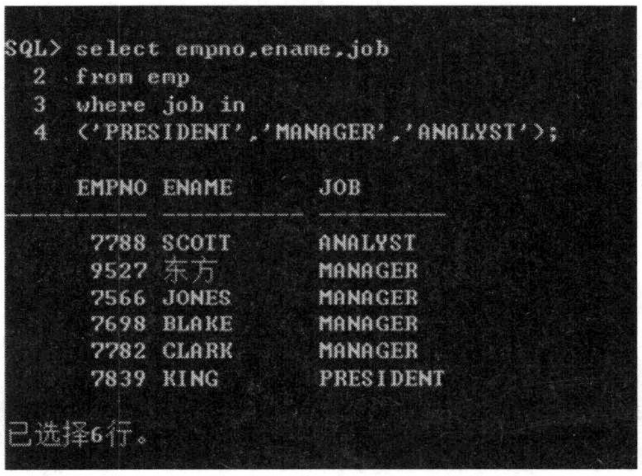

图 21.12 利用 IN 谓词限定范围

实现过程如下：

（1）启动 SQL*Plus，输入用户名 scott、口令 tiger 连接数据库。

（2）使用 IN 关键字查询职务为 PRESIDENT、MANAGER 和 ANALYST 中任意一种的员工信息。

（3）主要程序代码如下。

```
SQL> select empno,ename,job
from emp
where job in
('PRESIDENT','MANAGER','ANALYST');
```

21.3.2 利用 NOT IN 限定范围

使用 IN 关键字可以在指定搜索范围内查询，使用 NOT IN 则可以查询不在某一组目标中的值，这种方式在实际应用中也很常见。本例实现在 emp 表中，使用 NOT IN 关键字查询职务不在指定目标列表（PRESIDENT、MANAGER、ANALYST）范围内的员工信息。结果如图 21.13 所示。

实现过程如下：

（1）启动 SQL*Plus，输入用户名 scott、口令 tiger 连接数据库。

（2）使用 NOT IN 关键字查询职务不在指定目标列表范围内的员工信息。

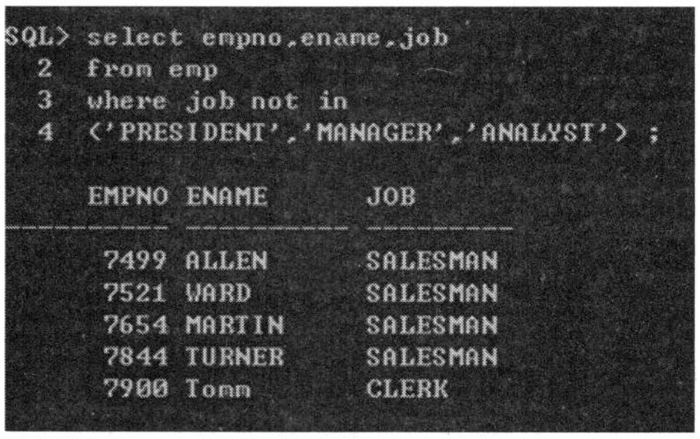

```
SQL> select empno,ename,job
  2  from emp
  3  where job not in
  4  ('PRESIDENT','MANAGER','ANALYST') ;

     EMPNO ENAME      JOB
---------- ---------- ---------
      7499 ALLEN      SALESMAN
      7521 WARD       SALESMAN
      7654 MARTIN     SALESMAN
      7844 TURNER     SALESMAN
      7900 Tomm       CLERK
```

图 21.13　利用 NOT IN 限定范围

（3）主要程序代码如下。

```
SQL> select empno,ename,job
from emp
where job not in
('PRESIDENT','MANAGER','ANALYST') ;
```

21.3.3　利用 ALL 谓词限定范围

多行子查询是指返回多行数据的子查询语句。当在 WHERE 子句中使用多行子查询时，必须使用多行比较符（IN、ANY、ALL）。本例在 emp 表中，查询工资数大于部门编号为 30 的所有员工工资数的员工信息。结果如图 21.14 所示。

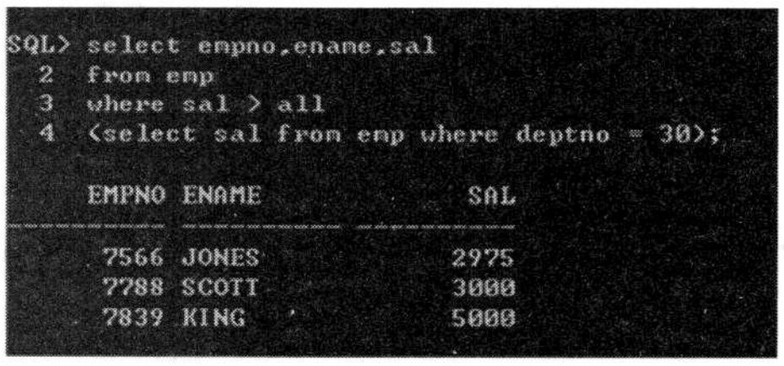

```
SQL> select empno,ename,sal
  2  from emp
  3  where sal > all
  4  (select sal from emp where deptno = 30);

     EMPNO ENAME             SAL
---------- ---------- ----------
      7566 JONES            2975
      7788 SCOTT            3000
      7839 KING             5000
```

图 21.14　利用 ALL 谓词限定范围

实现过程如下：

（1）启动 SQL*Plus，输入用户名 scott、口令 tiger 连接数据库。

（2）使用 ALL 关键字查询，比部门编号为 30 的部门中最高工资还高的员工信息。

（3）主要程序代码如下。

```
SQL> select empno,ename,sal
from emp
where sal > all
(select sal from emp where deptno = 30);
```

21.3.4　利用 ANY 谓词限定范围

在 emp 表中，查询工资大于部门编号为 10 的任意一名员工工资即可的其他部门的员工信息。结果如图 21.15 所示。

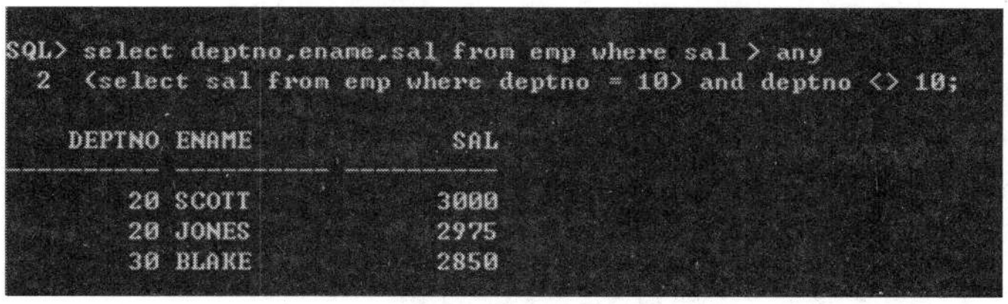

图 21.15　利用 ANY 谓词限定范围

实现过程如下：

（1）启动 SQL*Plus，输入用户名 scott、口令 tiger 连接数据库。

（2）使用 ANY 运算符查询员工信息。

（3）主要程序代码如下。

SQL> select deptno,ename,sal from emp where sal > any
(select sal from emp where deptno = 10) and deptno <> 10;

21.3.5　NOT 与谓词进行组合条件的查询

在 emp 表中，使用 NOT BETWEEN AND 关键字查询工资（sal）不在 1 000～3 000 的员工信息。结果如图 21.16 所示。

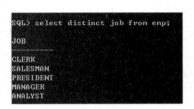

图 21.16　NOT 与谓词进行组合条件的查询

实现过程如下：

（1）启动 SQL*Plus，输入用户名 scott、口令 tiger 连接数据库。

（2）查询工资（sal）不在 1 000～3 000 的员工信息。

（3）主要程序代码如下。

SQL> select empno,ename,sal from emp where sal not between 1000 and 3000;

21.3.6　查询时不显示重复记录

在 SCOTT 模式下，显示 emp 表中的职务（job）列，要求显示的"职务"记录不重复。结果如图 21.17 所示。

实现过程如下：

（1）启动 SQL*Plus，输入用户名 scott、口令 tiger 连接数据库。

图 21.17　查询时不显示重复记录

（2）使用 DISTINCT 消除重复的记录。

（3）主要程序代码如下。

```
SQL> select distinct job from emp;
```

21.3.7 列出数据中的重复记录和记录条数

在数据的查询过程中，有时需要统计出重复数据记录的条数。本例中使用 GROUP BY 子句实现，查询 emp 表中，重复的 job 记录和记录条数。结果如图 21.18 所示。

图 21.18 列出数据中的重复记录和记录条数

实现过程如下：

（1）启动 SQL*Plus，输入用户名 scott、口令 tiger 连接数据库。

（2）通过 HAVING 对 GROUP BY 选择出来的结果进行筛选，选出记录条数大于 2 的记录，即重复记录。

（3）主要程序代码如下。

```
SQL> select job , count(job) 记录 from emp
group by job
having count(job) > 2;
```

21.3.8 去除记录中指定字段的空值

自定义 student 表，包含字段 sid、sname、age、certificate。字段 certificate 下部分记录为空，去除 certificate 为空的记录。结果如图 21.19 所示。

图 21.19 去除记录中指定字段的空值

实现过程如下：

（1）启动 SQL*Plus，输入用户名 scott、口令 tiger 连接数据库。

（2）通过 IS NULL 判断 certificate 字段是否为空，并将为空的记录去除。

（3）主要程序代码如下。

```
SQL> delete from student where certificate is null;
```

21.3.9 获取记录中指定字段的空值

自定义 student 表，包含字段 sid、sname、age、certificate。字段 certificate 下部分记录为空，获取 certificate 字段为空的记录。结果如图 21.20 所示。

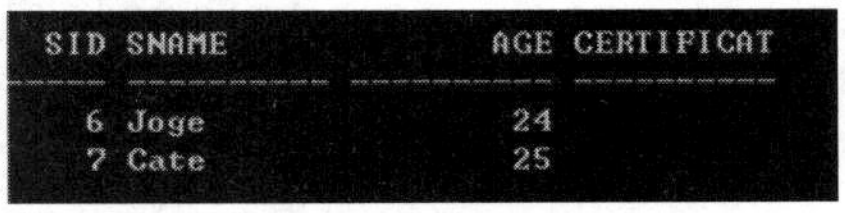

实现过程如下：

（1）启动 SQL*Plus，输入用户名 scott、口令 tiger 连接数据库。

（2）通过 IS NULL 检索 certificate 字段是否为空的记录。

图 21.20 获取记录中指定字段的空值

（3）主要程序代码如下。

```
SQL> select * from student where certificate is null;
```

21.3.10 查询前 5 名数据

自定义 score 表，包含字段 sid、sscore。对学生成绩降序排列，并显示前 5 名的成绩。结果如图 21.21 所示。

图 21.21 查询前 5 名数据

实现过程如下：

（1）启动 SQL*Plus，输入用户名 scott、口令 tiger 连接数据库。

（2）使用 ORDER BY DESC 降序排列，通过 ROWNUM 指定查询前 5 行。

（3）主要程序代码如下。

```
SQL> select * from (select * from score order by sscore desc) where rownum <= 5;
```

21.3.11 查询后 5 名数据

在 emp 表中，查询工资数后 5 名的员工信息。结果如图 21.22 所示。

实现过程如下：

（1）启动 SQL*Plus，输入用户名 scott、口令 tiger 连接数据库。

（2）使用 ORDER BY 升序排列，通过 ROWNUM 指定查询前 5 行。

（3）主要程序代码如下。

```
SQL> select * from (select * from emp order by sal) where rownum <= 5;
```

```
 EMPNO ENAME      JOB              MGR HIREDATE              SAL       COMM
---------- ---------- --------- ---------- -------------- ---------- ----------
    DEPTNO
----------
      7369 SMITH      CLERK           7902 17-12月-80            800
        20

      7900 JAMES      CLERK           7698 03-12月-81            950
        30

      7876 ADAMS      CLERK           7788 23-5月 -87           1100
        20

     EMPNO ENAME      JOB              MGR HIREDATE              SAL       COMM
---------- ---------- --------- ---------- -------------- ---------- ----------
    DEPTNO
----------
      7521 WARD       SALESMAN        7698 22-2月 -81           1250        500
        30

      7654 MARTIN     SALESMAN        7698 28-9月 -81           1250       1400
        30
```

图 21.22　查询后 5 名数据

21.3.12　取出数据统计结果前 3 名数据

本例查询 emp 表中工资数排前 3 的员工信息。结果如图 21.23 所示。

```
SQL> select empno,ename,sal
  2  from(select * from emp order by sal desc)
  3  where rownum <=3;

     EMPNO ENAME             SAL
---------- ---------- ----------
      7839 KING             5000
      7902 FORD             3000
      7788 SCOTT            3000
```

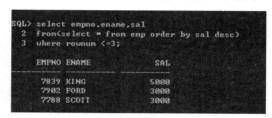

图 21.23　取出数据统计结果前 3 名数据

实现过程如下：

（1）启动 SQL*Plus，输入用户名 scott、口令 tiger 连接数据库。

（2）使用 ORDER BY DESC 降序排列，通过 ROWNUM 指定查询工资前 3 的员工信息。

（3）主要程序代码如下。

```
SQL> select empno,ename,sal
from(select * from emp order by sal desc)
where rownum <=3;
```

21.4　日期与时间查询

21.4.1　查询指定日期的数据

通过使用 TO_DATE 函数，查询 emp 表中，在 1981 年 12 月 3 日入职的员工信息。结果如图 21.24 所示。

```
SQL> select empno,ename,job from emp
  2  where hiredate = to_date('1981-12-03','yyyy-mm-dd');

     EMPNO ENAME      JOB
---------- ---------- ---------
      7902 FORD       ANALYST
      7900 Tomm       CLERK
```

图 21.24　查询指定日期的数据

实现过程如下：

（1）启动 SQL*Plus，输入用户名 scott、口令 tiger 连接数据库。

（2）通过 TO_DATE 将代表日期的字符串转换为 date 类型，与 hiredate 比较。

（3）主要程序代码如下。

SQL> select empno,ename,job from emp
where hiredate = to_date('1981-12-03','yyyy-mm-dd');

21.4.2　查询指定时间段的数据

查询 emp 表中，在 1981 年 01 月 01 日到 1981 年 12 月 31 日期间入职的员工信息。结果如图 21.25 所示。

```
SQL> select empno,ename,to_char(hiredate,'yyyy-mm-dd')
  2  from emp
  3  where
  4  hiredate >= to_date('1981-01-01','yyyy-mm-dd')
  5  and
  6  hiredate <= to_date('1981-12-31','yyyy-mm-dd')
  7  order by hiredate asc;

     EMPNO ENAME      TO_CHAR(HI
---------- ---------- ----------
      7499 ALLEN      1981-02-20
      7521 WARD       1981-02-22
      7566 JONES      1981-04-02
      7698 BLAKE      1981-05-01
      7782 CLARK      1981-06-09
      7844 TURNER     1981-09-08
      7654 MARTIN     1981-09-28
      7839 KING       1981-11-17
      7902 FORD       1981-12-03
      7900 Tomm       1981-12-03

已选择10行。
```

图 21.25　查询指定时间段的数据

实现过程如下：

（1）启动 SQL*Plus，输入用户名 scott、口令 tiger 连接数据库。

（2）通过 TO_DATE 将代表日期的字符串转换为 date 类型，查询在 1981-01-01 到 1981-12-31 期间入职的员工信息。

（3）主要程序代码如下。

SQL> select empno,ename,to_char(hiredate,'yyyy-mm-dd')
from emp
where

```
hiredate >= to_date('1981-01-01','yyyy-mm-dd')
and
hiredate <= to_date('1981-12-31','yyyy-mm-dd')
order by hiredate asc;
```

21.4.3 按月查询数据

使用 ADD_MONTHS 函数在当前日期下加上两个月，并显示其值。结果如图 21.26 所示。

图 21.26 按月查询数据

实现过程如下：

（1）启动 SQL*Plus，输入用户名 scott、口令 tiger 连接数据库。

（2）通过 ADD_MONTHS 函数加两个月，查询日期。

（3）主要程序代码如下。

```
SQL> select to_char(add_months(sysdate,2),'yyyy-mm-dd')from dual;
```

21.5 多条件查询

21.5.1 利用 BETWEEN 进行区间查询

利用 BETWEEN 进行区间查询。查询 emp 表中，工号为 7 300～7 500 的员工信息。结果如图 21.27 所示。

实现过程如下：

（1）启动 SQL*Plus，输入用户名 scott、口令 tiger 连接数据库。

（2）使用 BETWEEN...AND 进行区间检索。

图 21.27 利用 BETWEEN 进行区间查询

（3）主要程序代码如下。

```
SQL> select empno,ename,job
from emp
where
empno between 7300 and 7500;
```

21.5.2 利用 OR 进行查询

在 SQL 查询语句中，当判断多个查询条件时，可以使用 OR 运算符进行连接，如果满足其中一个查询条件，那么此条件成立。OR 运算符代表了"或"的关系。在 emp 表中，使用 OR 逻辑运算符查询工资小于 2 000 或工资大于 3 000 的员工信息。结果如图 21.28 所示。

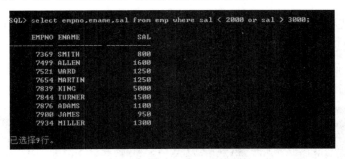

图 21.28 利用 OR 进行查询

实现过程如下：

（1）启动 SQL*Plus，输入用户名 scott、口令 tiger 连接数据库。
（2）使用 OR 逻辑运算符限定查询范围。
（3）主要程序代码如下。

SQL> select empno,ename,sal from emp where sal < 2000 or sal > 3000;

21.5.3 利用 AND 进行查询

在 SQL 查询语句中，当判断多个查询条件时，可以使用 AND 运算符进行连接，如果满足了所有的查询条件，那么此条件成立。AND 运算符代表了"与"的关系。查询 emp 表中，同时符合部门编号为 30、工作为 SALESMAN、工资在 1 500 以上这 3 个条件的员工信息。结果如图 21.29 所示。

图 21.29 利用 AND 进行查询

实现过程如下：

（1）启动 SQL*Plus，输入用户名 scott、口令 tiger 连接数据库。
（2）通过 AND 连接筛选条件。
（3）主要程序代码如下。

```
SQL> select empno,ename,job ,sal
from emp
where
deptno = 30 and job = 'SALESMAN' and sal >= 1500;
```

21.5.4 同时利用 OR、AND 进行查询

WHERE 子句中可以包含多个 AND 与 OR 运算符，这两个运算符配合使用会将查询变得更加灵活。如果两个运算符同时出现在同一个查询语句中，那么首先会执行 AND 运算，然后再进行 OR 运算，聪明的做法是使用小括号确定优先的条件。在 emp 表中，使用 OR 和 AND 逻辑运算符查询工资小于 2 000 或工资大于 3 000 并且工作是 SALESMAN 的员工信息。结果如图 21.30 所示。

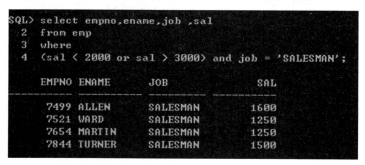

图 21.30　同时利用 OR、AND 进行查询

实现过程如下：

（1）启动 SQL*Plus，输入用户名 scott、口令 tiger 连接数据库。
（2）同时利用 OR、AND 指定查询条件，进行查询。
（3）主要程序代码如下。

```
SQL> select empno,ename,job ,sal
from emp
where
(sal < 2000 or sal > 3000) and job = 'SALESMAN';
```

21.6　分组及排序查询

21.6.1　在分组查询中使用 ALL 关键字

ALL 表示大于条件的每一个值，也可以理解为大于多个条件中的最大值。在 emp 表中，查询工资数大于部门编号为 30 的所有员工工资数的部门平均工资。结果如图 21.31 所示。

```
SQL> select deptno,avg(sal) from emp where sal > all
  2  (select sal from emp where deptno = 30) group by deptno;

    DEPTNO   AVG(SAL)
---------- ----------
        20 2991.66667
        10       5000
```

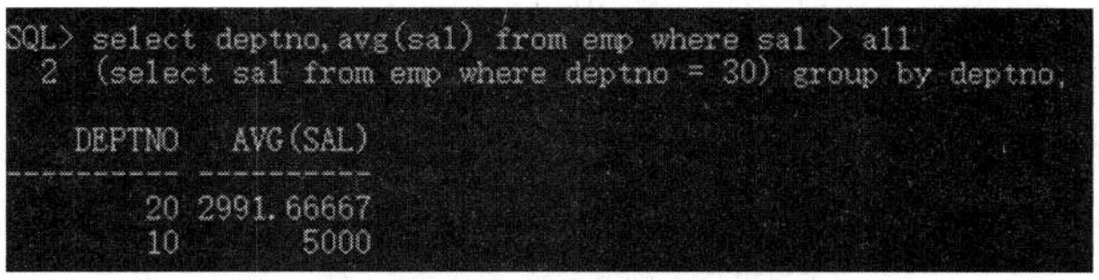

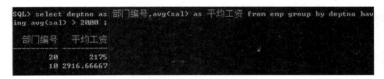

图 21.31　在分组查询中使用 ALL 关键字

实现过程如下：

（1）启动 SQL*Plus，输入用户名 scott、口令 tiger 连接数据库。

（2）使用 ALL 运算符进行查询。

（3）主要程序代码如下。

```
SQL> select deptno,avg(sal) from emp where sal > all
 (select sal from emp where deptno = 30) group by deptno;
```

21.6.2　在分组查询中使用 HAVING 子句

查询时经常需要过滤掉一组数据，以获取满足条件的精确数据。在 emp 表中，首先通过分组的方式计算出每个部门的平均工资，然后再通过 HAVING 子句过滤出平均工资大于 2 000 的记录信息。结果如图 21.32 所示。

```
SQL> select deptno as 部门编号,avg(sal) as 平均工资 from emp group by deptno hav
ing avg(sal) > 2000 ;

  部门编号   平均工资
---------- ----------
        20       2175
        10 2916.66667
```

图 21.32　在分组查询中使用 HAVING 子句

实现过程如下：

（1）启动 SQL*Plus，输入用户名 scott、口令 tiger 连接数据库。

（2）使用 HAVING 子句查询。

（3）主要程序代码如下。

```
SQL> select deptno as 部门编号,avg(sal) as 平均工资 from emp group by deptno having avg(sal) > 2000 ;
```

21.6.3　在分组查询中使用 ROLLUP

在生成包含小计和合计的报表时，可以利用 ROLLUP 运算符。本例介绍如何利用 ROLLUP 运算符实现汇总数据。使用 ROLLUP 查询汇总信息。结果如图 21.33 所示。

```
I          ID2 SUM(VALUE)
- ---------- ----------
a          1         10
a          2         20
a                    30
b          1         30
b          2         40
b                    70
                    100

已选择7行。
```

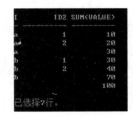

图 21.33　在分组查询中使用 ROLLUP

实现过程如下：

（1）启动 SQL*Plus，输入用户名 scott、口令 tiger 连接数据库。

（2）在 GROUP BY 中使用 ROLLUP 显示汇总信息。

（3）主要程序代码如下。

```
SQL> select id1,id2,sum(value)
from tb_cube
group by rollup(id1,id2);
```

21.6.4　对统计结果进行排序

在检索数据时，如果把数据从数据库中直接读取出来，这时查询结果将按照默认顺序排列，但往往这种默认排列顺序并不是用户所需要看到的。尤其返回数据量较大时，用户查看自己想要的信息非常不方便，因此需要对检索的结果集进行排序。本例实现在 SCOTT 模式下，检索 emp 表中的数据，并按照部门编号（deptno）、员工编号（empno）排序。结果如图 21.34 所示。

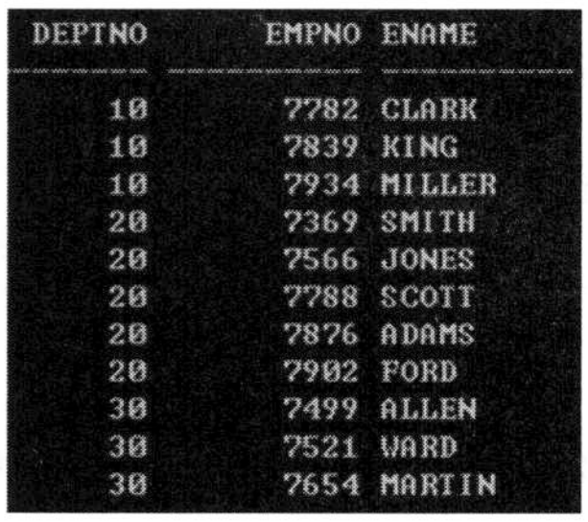

DEPTNO	EMPNO	ENAME
10	7782	CLARK
10	7839	KING
10	7934	MILLER
20	7369	SMITH
20	7566	JONES
20	7788	SCOTT
20	7876	ADAMS
20	7902	FORD
30	7499	ALLEN
30	7521	WARD
30	7654	MARTIN

图 21.34　对统计结果进行排序

实现过程如下：

（1）启动 SQL*Plus，输入用户名 scott、口令 tiger 连接数据库。

（2）通过 ORDER BY 对检索结果进行排序。

（3）主要程序代码如下。

```
SQL> select deptno,empno,ename from emp order by deptno,empno;
```

21.6.5　数据分组统计（单列）

数据查询过程中，经常需要对数据进行汇总及分组，在查询语句中可以使用 GROUP BY 子句进行分组，GROUP BY 子句可以基于指定列的值将数据集合划分为多个组，对每个组分别使用聚合函数进行汇总，最终为每个组返回一行包含其汇总值的记录。在 emp 表中，按照部门编号（deptno）和职务（job）列进行分组。结果如图 21.35 所示。

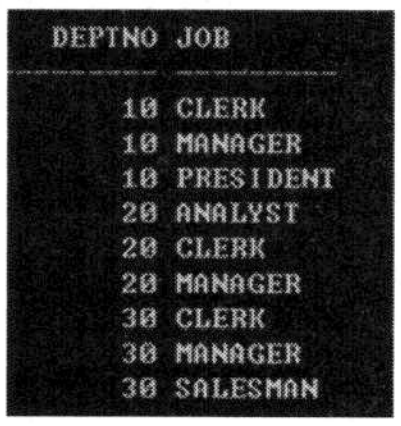

DEPTNO	JOB
10	CLERK
10	MANAGER
10	PRESIDENT
20	ANALYST
20	CLERK
20	MANAGER
30	CLERK
30	MANAGER
30	SALESMAN

图 21.35　数据分组统计（单列）

实现过程如下：

（1）启动 SQL*Plus，输入用户名 scott、口令 tiger 连接数据库。

（2）通过 GROUP BY，按照部门编号（deptno）和职务（job）列进行分组。

（3）主要程序代码如下。

```
SQL> select deptno,job from emp group by deptno,job order by deptno;
```

21.6.6　按仓库分组统计图书库存（多列）

使用 GROUP BY 子句不仅可以对单列数据进行分组，也可以对多列数据进行分组。查询 tb_books 表中当前库存图书的数量和图书入库次数，按照仓库编号分组。结果如图 21.36 所示。

实现过程如下：

（1）启动 SQL*Plus，输入用户名 scott、口令 tiger 连接数据库。

（2）使用 SUM 和 COUNT 对入库信息汇总，通过 GROUP BY 对查询的信息分组。

（3）主要程序代码如下。

图21.36　按仓库分组统计图书库存（多列）

```
SQL> select 仓库, sum(存入) 库存, count(存入) 入库次数
from tb_books
group by 仓库
order by 仓库;
```

21.6.7　多表分组统计

数据查询过程中，经常遇到的一种情况是，不仅需要对单个数据表进行查询，而且需要对多个数据表进行查询，并对查询的结果进行分组统计。查询 emp 表和 dept 表中，deptno 字段相同的 emp 表的员工数、平均工资，查询 dept 中的部门编号。结果如图 21.37 所示。

图21.37　多表分组统计

实现过程如下：

（1）启动 SQL*Plus，输入用户名 scott、口令 tiger 连接数据库。

（2）按照部门分组，通过 COUNT 查询 emp 表的员工人数，AVG 查询部门平均工资。

（3）主要程序代码如下。

```
SQL> select d.deptno 部门,count(e.empno) 员工人数, avg(e.sal) 平均工资
from dept d, emp e
where d.deptno = e.deptno
group by d.deptno;
```

21.6.8　使用 COMPUTE

在 tb_compute 表中，使用 COMPUTE 计算每个人的总成绩。结果如图 21.38 所示。

实现过程如下：

（1）启动 SQL*Plus，输入用户名 scott、口令 tiger 连接数据库。

（2）使用 BREAK 按 sname 分组，去掉重复的值，每组隔一个空行，通过 SUM 计算每个人的总成绩。

（3）主要程序代码如下。

```
SQL> break on sname skip 1
compute sum of score on sname
select * from tb_compute;
```

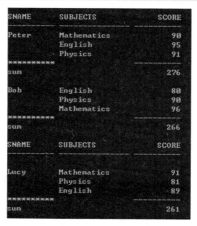

图 21.38　使用 COMPUTE

21.7　函 数 查 询

21.7.1　利用聚合函数 SUM 对销售额进行汇总

本例实现在图书销售表中查询按书名、书号统计销售金额。结果如图 21.39 所示。

图 21.39　利用聚合函数 SUM 对销售额进行汇总

实现过程如下：

（1）启动 SQL*Plus，输入用户名 scott、口令 tiger 连接数据库。

（2）利用聚合函数 SUM 对销售额进行汇总。

（3）主要程序代码如下。

```
SQL> select 书号,书名,sum(单价*销售数量)as 金额 from xiaoshoubiao group by 书号,书名;
```

21.7.2　利用聚合函数 AVG 求某班学生的平均年龄

本例利用聚合函数 AVG 查询统计学生的平均年龄。创建 Age 表，有 name 和 age 两个字段，求 age 的平均数。结果如图 21.40 所示。

图 21.40　利用聚合函数 AVG 求某班学生的平均年龄

实现过程如下：

（1）启动 SQL*Plus，输入用户名 scott、口令 tiger 连接数据库。

（2）利用聚合函数 AVG 查询统计学生的平均年龄。

（3）主要程序代码如下。

SQL>select avg(age) as 平均年龄 from Age;

21.7.3　利用聚合函数 MIN 求最小值

数据查询过程中，有时需要查找记录中某个数据列的最小值，使用 MIN 函数可以非常方便地查找最小值。本例介绍如何使用聚合函数查找指定数据列的最小值。利用聚合函数 MIN 求销售额最少的商品。结果如图 21.41 所示。

图 21.41　利用聚合函数 MIN 求最小值

实现过程如下：

（1）启动 SQL*Plus，输入用户名 scott、口令 tiger 连接数据库。

（2）利用聚合函数 MIN 求销售额最少的商品。

（3）主要程序代码如下。

SQL>select * from Ware where 售价 in (select min(售价) from Ware);

21.7.4　利用聚合函数 MAX 求最大值

数据查询过程中，有时需要查找记录中某个数据列的最大值，使用 MAX 函数可以非常方便地查找最大值。本例在销售信息表中查询销售额最大的商品。结果如图 21.42 所示。

图 21.42　利用聚合函数 MAX 求最大值

实现过程如下：

（1）启动 SQL*Plus，输入用户名 scott、口令 tiger 连接数据库。

（2）利用聚合函数 MAX 求销售额最大的商品。

（3）主要程序代码如下。

```sql
SQL> select * from SellWare where 销售额 in (select max(销售额) from SellWare);
```

21.7.5 利用聚合函数 COUNT 求日销售额大于某值的商品数

使用 COUNT 函数可以返回组中项目的数量。本例利用 COUNT 函数实现在销售信息表中查询销售额大于 1 000 的商品数量。结果如图 21.43 所示。

实现过程如下：

（1）启动 SQL*Plus，输入用户名 scott、口令 tiger 连接数据库。

（2）利用 COUNT 函数实现在销售信息表中查询销售额大于 1 000 的商品数量。

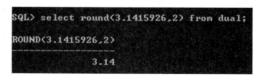

图 21.43　利用聚合函数 COUNT 求日销售额大于某值的商品数

（3）主要程序代码如下。

```sql
SQL> select count(distinct 商品名称) as 商品数 from SellWare where 销售额 >1000;
```

21.7.6 使用 ROUND 函数

程序设计过程中，经常需要将指定的数值进行四舍五入运算，在进行四舍五入运算时，首先要确定小数部分要精确到哪一位，然后进行四舍五入运算。在数据库查询中，也可以使用相应的方法简单、方便地对数值进行取舍操作。本例介绍如何在 SEELCT 语句中，对指定数据列中的数值进行四舍五入。使用 ROUND 函数返回 PI 的两位小数的值。结果如图 21.44 所示。

```
SQL> select round(3.1415926,2) from dual;
ROUND(3.1415926,2)
              3.14
```

图 21.44　使用 ROUND 函数

实现过程如下：

（1）启动 SQL*Plus，输入用户名 scott、口令 tiger 连接数据库。

（2）使用 ROUND 函数返回 PI 的两位小数的值。

（3）主要程序代码如下。

```sql
SQL> select round(3.1415926,2) from dual;
```

21.7.7 使用 SYSDATE 函数

使用 SYSDATE 函数返回当期系统的日期。结果如图 21.45 所示。

图 21.45　使用 SYSDATE 函数

实现过程如下：

（1）启动 SQL*Plus，输入用户名 scott、口令 tiger 连接数据库。

（2）使用 SYSDATE 函数返回当期系统的日期。

（3）主要程序代码如下。

SQL> select sysdate as 系统日期 from dual;

21.7.8　使用 ADD_MONTHS 函数

使用 ADD_MONTHS 函数在当前日期下加上 6 个月，并显示其值。结果如图 21.46 所示。

图 21.46　使用 ADD_MONTHS 函数

实现过程如下：

（1）启动 SQL*Plus，输入用户名 scott、口令 tiger 连接数据库。

（2）使用 ADD_MONTHS 函数增加月份。

（3）主要程序代码如下。

SQL> select ADD_MONTHS(sysdate,6) from dual;

21.7.9　使用 ASCII 函数

ASCII 函数可以将一个字符转换成 ASCII 码。本例要求分别求得字符"Z、H、D 和空格"的 ASCII 值。结果如图 21.47 所示。

图 21.47　使用 ASCII 函数

实现过程如下：

（1）启动 SQL*Plus，输入用户名 scott、口令 tiger 连接数据库。

（2）使用 ASCII 函数把字符转换成 ASCII 码。

（3）主要程序代码如下。

SQL> select ascii('Z') Z,ascii('H') H,ascii('D') D ,ascii(' ') space
from dual;

21.7.10 使用 SUBSTR 函数

数据库应用程序设计过程中，经常需要将字段中的部分字符信息提取出来。使用 SUBSTR 函数在字符串'MessageBox'中从第 8 个位置截取长度为 3 的子字符串。结果如图 21.48 所示。

图 21.48　使用 SUBSTR 函数

实现过程如下：
（1）启动 SQL*Plus，输入用户名 scott、口令 tiger 连接数据库。
（2）使用 SUBSTR 函数截取字符串。
（3）主要程序代码如下。

SQL> select substr('MessageBox',8,3) from dual;

21.7.11 使用 LTRIM、RTRIM 和 TRIM 函数

使用 LTRIM、RTRIM 和 TRIM 函数分别去掉字符串'####East####'、'East   '和'####East###'中左侧#、右侧空格和左右两侧的#。结果如图 21.49 所示。

图 21.49　使用 LTRIM、RTRIM 和 TRIM 函数

实现过程如下：
（1）启动 SQL*Plus，输入用户名 scott、口令 tiger 连接数据库。
（2）使用 LTRIM、RTRIM 和 TRIM 函数。
（3）主要程序代码如下。

SQL> select ltrim('####East####','#'),rtrim('East   '),trim('#' from '####East###') from dual;

21.7.12 使用 LOWER、UPPER 函数

在 HR 模式下，在 employees 表中检索名称以字母 a 开头的员工信息，并将 first_name 字段的值转

换为小写，将 last_name 字段的值转换为大写。结果如图 21.50 所示。

```
EMPLOYEE_ID LOWER(FIRST_NAME)    UPPER(LAST_NAME)
----------- -------------------- -------------------------
        103 alexander            HUNOLD
        115 alexander            KHOO
        121 adam                 FRIPP
        147 alberto              ERRAZURIZ
        158 allan                MCEWEN
        167 amit                 BANDA
        175 alyssa               HUTTON
        185 alexis               BULL
        187 anthony              CABRIO
        196 alana                WALSH
```

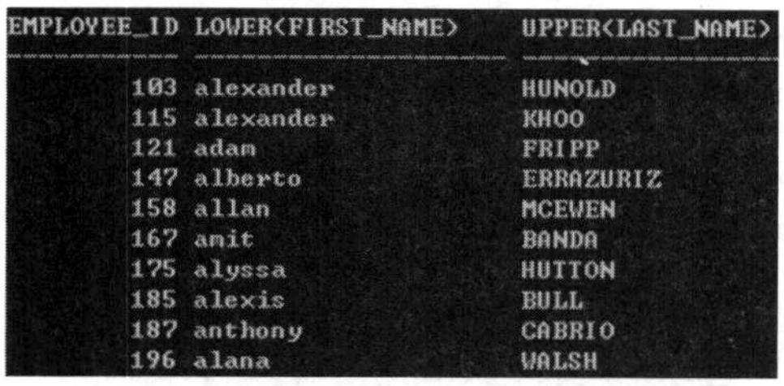

图 21.50　使用 LOWER、UPPER 函数

实现过程如下：

（1）启动 SQL*Plus，输入用户名 scott、口令 tiger 连接数据库。

（2）使用 LOWER 和 UPPER 函数转换字符串大小写。

（3）主要程序代码如下。

```
SQL> select employee_id,lower(first_name),upper(last_name) from employees where
lower(first_name) like 'a%';
```

21.7.13　使用 LENGTH 函数

在 SCOTT 模式下，通过使用 LENGTH 函数返回雇员名称长度大于 5 的雇员信息及所在部门信息。结果如图 21.51 所示。

实现过程如下：

（1）启动 SQL*Plus，输入用户名 scott、口令 tiger 连接数据库。

（2）使用 LENGTH 函数计算字符串长度，查找雇员名称长度大于 5 的雇员信息和所在部门信息。

（3）主要程序代码如下。

```
SQL> select e.empno,e.ename,d.dname
  2      from emp e inner join dept d
  3      on e.deptno = d.deptno
  4      where length(e.ename) > 5;

     EMPNO ENAME      DNAME
---------- ---------- --------------
      7934 MILLER     ACCOUNTING
      7844 TURNER     SALES
      7654 MARTIN     SALES
```

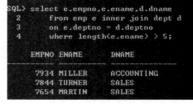

图 21.51　使用 LENGTH 函数

```
SQL> select e.empno,e.ename,d.dname
     from emp e inner join dept d
     on e.deptno = d.deptno
     where length(e.ename) > 5;
```

21.8　多表查询

21.8.1　利用 FROM 子句进行多表查询

多表连接非常简单，只要在 FROM 子句中添加相应的表名，并指定连接条件即可。但是多表连接的应用会导致性能的下降，如果连接的每个表中都包含很多行，那么在产生的组合表中的行将更多，

对这样的组合表进行操作将花费很多时间。本例利用 FROM 子句进行多表查询，在 dept 表和 emp 表中，查询条件为：查询部门号相同的部门位置和对应部门的员工人数。结果如图 21.52 所示。

图 21.52　利用 FROM 子句进行多表查询

实现过程如下：

（1）启动 SQL*Plus，输入用户名 scott、口令 tiger 连接数据库。

（2）利用 FROM 子句查询 dept 表和 emp 表中的部门位置和对应人数。

（3）主要程序代码如下。

SQL> select dept.loc,count(empno) 人数
from dept join emp
on emp.deptno = dept.deptno
group by dept.loc;

21.8.2　使用表的别名

在多表关联查询时，如果多个表之间存在同名的列，则必须使用表名来限定列的引用。为了避免使用复杂的表名，SQL 语言提供了设定表别名的机制，使用简短的表别名可以替代原有较长的表名称，这样可以大大缩减语句的长度。本例通过 deptno（部门号）列来关联 emp 表和 dept 表，并检索这两个表中相关字段的信息。结果如图 21.53 所示。

图 21.53　使用表的别名

实现过程如下：

（1）启动 SQL*Plus，输入用户名 scott、口令 tiger 连接数据库。

（2）定义表的别名，查询信息。

（3）主要程序代码如下。

SQL> select e.empno as　员工编号,e.ename　员工姓名,d.dname as　部门

```
from emp e,dept d
where e.deptno = d.deptno
and e.job = 'MANAGER';
```

21.8.3　合并多个结果集

组合查询通过 UNION 运算符来完成。UNION 运算符可以从多个表中通过组合数据进行显示，但是与连接不同，UNION 不是在 FROM 子句中添加多个表并指定连接条件实现，而是通过将多个查询的结果结合到一起来实现。本例把 select ename,deptno,sal from emp where sal > 3000 和 select ename,deptno,sal from emp where deptno = 30 的查询结果合并。结果如图 21.54 所示。

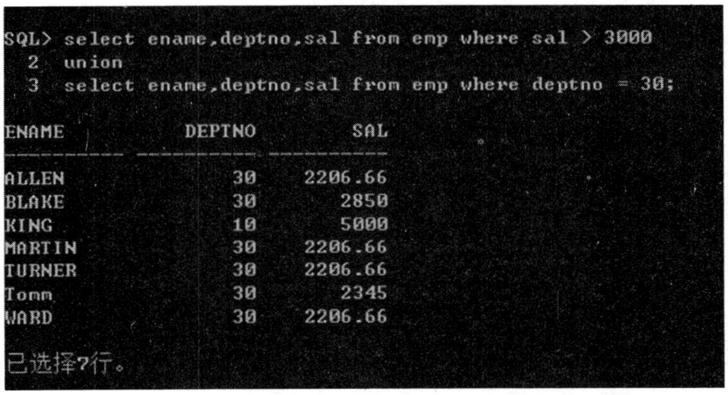

```
SQL> select ename,deptno,sal from emp where sal > 3000
  2  union
  3  select ename,deptno,sal from emp where deptno = 30;

ENAME          DEPTNO        SAL
---------- ---------- ----------
ALLEN              30    2206.66
BLAKE              30       2850
KING               10       5000
MARTIN             30    2206.66
TURNER             30    2206.66
Tomm               30       2345
WARD               30    2206.66

已选择7行。
```

图 21.54　合并多个结果集

实现过程如下：

（1）启动 SQL*Plus，输入用户名 scott、口令 tiger 连接数据库。

（2）使用 UNION 合并两个查询结果。

（3）主要程序代码如下。

```
SQL> select ename,deptno,sal from emp where sal > 3000
union
select ename,deptno,sal from emp where deptno = 30;
```

21.9　子　查　询

21.9.1　由 IN 引入的子查询

当使用 IN 来引入子查询时，将通知数据库管理系统执行一种“子查询集成员测试”。即通知数据库管理系统把单个数据值（放在关键词 IN 前面的）与由子查询（跟在关键词 IN 后）生成的结果表中的列数据值相比较。如果单个数据值与由子查询返回的列数据值之一相匹配，则 IN 判式求值为 TRUE。

在 emp 表中，查询不是销售部门（SALES）的员工信息。结果如图 21.55 所示。

```
SQL> select empno,ename,job
  2      from emp where deptno in
  3      (select deptno from dept where dname<>'SALES');

     EMPNO ENAME      JOB
---------- ---------- ---------
      7902 FORD
      7782 CLARK      MANAGER
      7839 KING       PRESIDENT
      7566 JONES      MANAGER
      7788 SCOTT      ANALYST
```

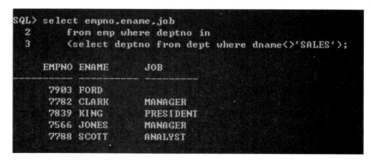

图 21.55　由 IN 引入的子查询

实现过程如下：

（1）启动 SQL*Plus，输入用户名 scott、口令 tiger 连接数据库。

（2）使用 IN 运算符引入子查询，指定查询范围。

（3）主要程序代码如下。

```
SQL> select empno,ename,job
     from emp where deptno in
     (select deptno from dept where dname<>'SALES');
```

21.9.2　EXISTS 子查询实现两表交集

EXISTS 子查询的功能是判断子查询的返回结果中是否有数据行。本例通过 student 表和 score 表，查询参加考试的学生信息。结果如图 21.56 所示。

```
       SID SNAME          SSCORE
---------- ---------- ----------
         1 Durent             69
         2 Peak               80
         6 Joge               90
         7 Cate               85
```

图 21.56　使用 EXISTS 谓词引入子查询

实现过程如下：

（1）启动 SQL*Plus，输入用户名 scott、口令 tiger 连接数据库。

（2）通过 EXISTS 判断 student 表和 score 表中的 sid 是否对等，如果对等则有分数，该学生参加了考试。

（3）主要程序代码如下。

```
SQL> select *
from student stu, score sc
where exists
(select sid from score where stu.sid = sc.sid);
```

21.9.3　在 SELECT 子句中的子查询

本例通过子查询，在 emp 表中查询员工工资，并将员工工资与平均工资做比较。结果如图 21.57 所示。

```
SQL> select ename 姓名,sal 工资,
  2  round((select avg(sal) from emp),2) as 平均工资,
  3  round((sal - (select avg(sal) from emp)),2) as 与平均工资的差额
  4  from emp;

姓名           工资     平均工资 与平均工资的差额
---------- -------- ---------- ----------------
FORD                   2496.97
东方              20   2496.97         -2476.97
ALLEN        2206.66   2496.97          -290.31
WARD         2206.66   2496.97          -290.31
JONES           2975   2496.97           478.03
MARTIN       2206.66   2496.97          -290.31
BLAKE           2850   2496.97           353.03
CLARK           2450   2496.97           -46.97
SCOTT           3000   2496.97           503.03
KING            5000   2496.97          2503.03
TURNER       2206.66   2496.97          -290.31

姓名           工资     平均工资 与平均工资的差额
---------- -------- ---------- ----------------
Tomm            2345   2496.97          -151.97

已选择12行。
```

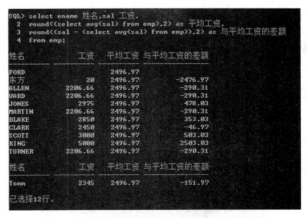

图 21.57　在 SELECT 子句中的子查询

实现过程如下：

（1）启动 SQL*Plus，输入用户名 scott、口令 tiger 连接数据库。

（2）使用 SELECT 语句的子查询检索员工工资，并与平均工资做比较。

（3）主要程序代码如下。

```
SQL> select ename  姓名,sal  工资,
round((select avg(sal) from emp),2) as  平均工资,
round((sal - (select avg(sal) from emp)),2) as  与平均工资的差额
from emp;
```

21.9.4　在子查询中使用聚合函数

本例应用聚合函数 AVG 求员工的平均工资，并将结果作为 WHERE 子句的查询条件，通过 SQL 语句获取工资大于平均工资的员工。结果如图 21.58 所示。

```
SQL> select ename,sal,deptno
  2  from emp
  3  where sal>(
  4    select avg(sal)from emp);

ENAME             SAL     DEPTNO
---------- ---------- ----------
BLAKE            2850         30
JONES            2975         20
SCOTT            3000         20
KING             5000         10
```

图 21.58　在子查询中使用聚合函数

实现过程如下：

（1）启动 SQL*Plus，输入用户名 scott、口令 tiger 连接数据库。

（2）用 AVG 函数求员工的平均工资。

（3）主要程序代码如下。

```
SQL> select ename,sal,deptno
from emp
where sal>(
  select avg(sal)from emp);
```

21.9.5　使用子查询更新数据

使用子查询更新表 tb_stu_copy 的数据。结果如图 21.59 所示。

图 21.59　使用子查询更新数据

实现过程如下：

（1）启动 SQL*Plus，输入用户名 scott、口令 tiger 连接数据库。

（2）根据 student 表创建一个副本 tb_stu_copy：

```
SQL> create table tb_stu_copy as select * from student;
```

（3）清空副本表 tb_stu_copy：

```
SQL> delete from tb_stu_copy ;
```

（4）将 student 表中的学号 sid 插入 tb_stu_copy 表中：

```
SQL> insert into tb_stu_copy(sid) select sid from student;
```

（5）通过 UPDATE 更新 tb_stu_copy 表的数据。

```
SQL> update tb_stu_copy s_c set (sid,sname,age) =
```

(select sid,sname,age from student s
where s_c.sid = s.sid);

21.9.6 使用子查询删除数据

在 DELETE 中使用子查询，删除 student 表中年龄为 25 的学生信息。结果如图 21.60 所示。

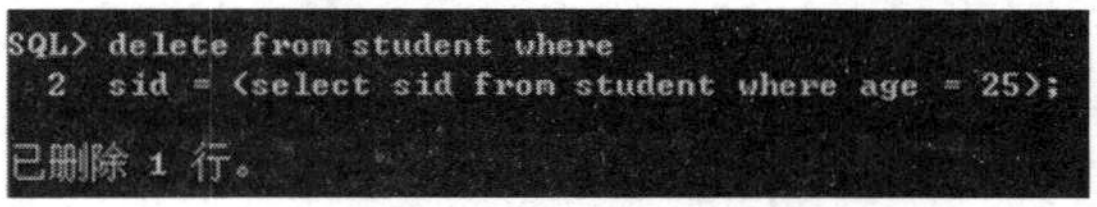

图 21.60 使用子查询删除数据

实现过程如下：

（1）启动 SQL*Plus，输入用户名 scott、口令 tiger 连接数据库。
（2）在子查询中指定查询条件 age 为 25，用 DELETE 删除记录。
（3）主要程序代码如下。

SQL> delete from student where
sid = (select sid from student where age = 25);

21.9.7 复杂的嵌套查询

查询 emp 表中，入职日期是 1981-06-09、部门位置在纽约（NEW YORK）、工作是销售员（SALESMAN）或经理（MANAGER）的员工信息。结果如图 21.61 所示。

图 21.61 复杂的嵌套查询

实现过程如下：

（1）启动 SQL*Plus，输入用户名 scott、口令 tiger 连接数据库。
（2）先通过内层查询得到 job、deptno、hiredate 的范围，以此作为最外层查询的条件约束，最后查询符合条件的员工信息。
（3）主要程序代码如下。

SQL> select empno,ename,job,to_char(hiredate,'yyyy-mm-dd') hiredate
from emp
where hiredate = to_date('1981-06-09','yyyy-mm-dd')
and deptno in (select deptno from dept where loc = 'NEW YORK')
and job in ('SALESMAN','MANAGER');

21.9.8 嵌套查询在查询统计中的应用

本例实现的是在学生表 Student 中查询数学成绩 Math_Score 小于编号为 "2" 或 "4" 的学生的任何一名的学生信息。结果如图 21.62 所示。

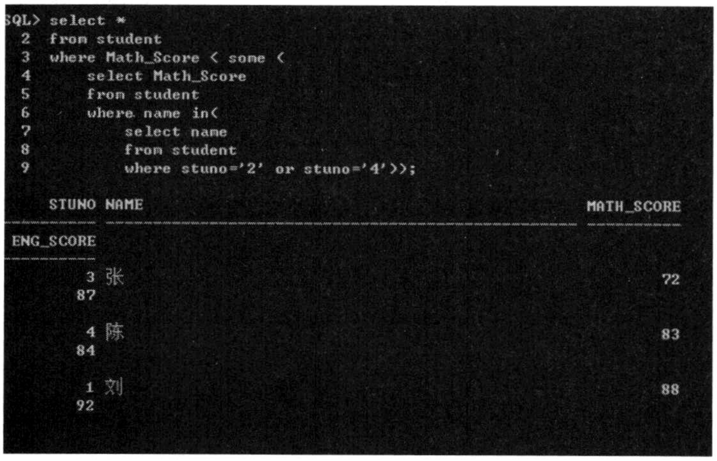

```
SQL> select *
  2  from student
  3  where Math_Score < some (
  4      select Math_Score
  5      from student
  6      where name in(
  7          select name
  8          from student
  9          where stuno='2' or stuno='4'));

     STUNO NAME                                    MATH_SCORE
 ENG_SCORE
---------- ---------------------------------------- ----------
         3 张                                              72
        87
         4 陈                                              83
        84
         1 刘                                              88
        92
```

图 21.62 嵌套查询在查询统计中的应用

实现过程如下：

（1）启动 SQL*Plus，输入用户名 scott、口令 tiger 连接数据库。

（2）通过内层查询得到学号为 "2" 或 "4" 的数学成绩，通过外层查询数学成绩小于他们中任何一个的学生信息。

（3）主要程序代码如下。

```
SQL> select *
from student
where Math_Score < some (
    select Math_Score
    from student
    where name in(
        select name
        from student
        where stuno='2' or stuno='4'));
```

21.9.9 使用 UNION 运算符

UNION 运算符通过组合其他两个结果表（例如 table1 和 table2）并消去表中任何重复行而派生出一个结果表。当 ALL 随 UNION 一起使用时（即 UNION ALL），不消除重复行。在这两种情况下，派生表的每一行不是来自 table1 就是来自 table2。

本例使用 UNION 合并 select * from student where age > 24 和 select * from student where certificate is not null 的查询结果。结果如图 21.63 所示。

图 21.63　使用 UNION 运算符

实现过程如下：

（1）启动 SQL*Plus，输入用户名 scott、口令 tiger 连接数据库。

（2）使用 UNION 合并 "年龄大于 24 的学生" 和 "certificate 字段非空的学生" 这两个查询结果。

（3）主要程序代码如下。

```
SQL> select * from student where age > 24
union
select * from student where certificate is not null;
```

21.9.10　一对多联合查询

在 SCOTT 模式下，实现 dept 表和 emp 表之间通过 deptno 列进行内连接。结果如图 21.64 所示。

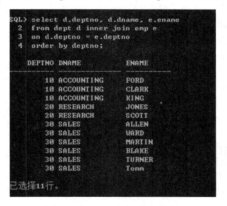

图 21.64　一对多联合查询

实现过程如下：

（1）启动 SQL*Plus，输入用户名 scott、口令 tiger 连接数据库。

（2）通过 INNER JOIN 对 dept 表和 emp 表做内连接。

（3）主要程序代码如下。

```
SQL> select d.deptno, d.dname, e.ename
from dept d inner join emp e
on d.deptno = e.deptno
order by deptno;
```

21.9.11　对联合查询后的结果进行排序

本例实现 student 表和 score 表之间通过 sid 列进行内连接，并将结果按分数字段 sscore 降序排列。结果如图 21.65 所示。

```
SQL> select st.sid,st.sname,sc.sscore
  2  from student st join score sc
  3  on st.sid = sc.sid
  4  order by sc.sscore desc;

       SID SNAME                                                  SSCORE
---------- -------------------------------------------------- ----------
         1 Durent                                                     91
         6 Joge                                                       90
         7 Cate                                                       85
         2 Peak                                                       80
```

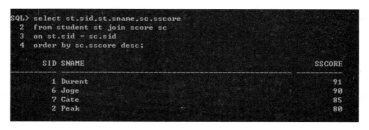

图 21.65　对联合查询后的结果进行排序

实现过程如下：

（1）启动 SQL*Plus，输入用户名 scott、口令 tiger 连接数据库。

（2）使用 JOIN 做内连接，通过 ORDER BY DESC 按 sscore 降序排列。

（3）主要程序代码如下。

```
SQL> select st.sid,st.sname,sc.sscore
from student st join score sc
on st.sid = sc.sid
order by sc.sscore desc;
```

21.10　连 接 查 询

21.10.1　简单内连接查询

在 SCOTT 模式下，通过 deptno 字段来内连接 emp 表和 dept 表，并检索这两个表中相关字段的信息。结果如图 21.66 所示。

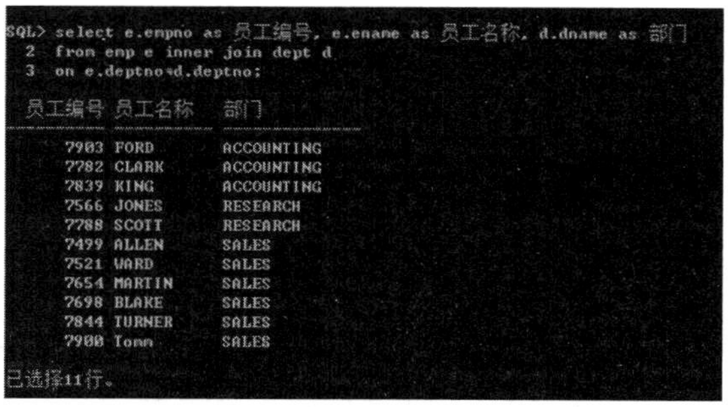

```
SQL> select e.empno as 员工编号, e.ename as 员工名称, d.dname as 部门
  2  from emp e inner join dept d
  3  on e.deptno=d.deptno;

  员工编号 员工名称   部门
---------- ---------- --------------
      7903 FORD       ACCOUNTING
      7782 CLARK      ACCOUNTING
      7839 KING       ACCOUNTING
      7566 JONES      RESEARCH
      7788 SCOTT      RESEARCH
      7499 ALLEN      SALES
      7521 WARD       SALES
      7654 MARTIN     SALES
      7698 BLAKE      SALES
      7844 TURNER     SALES
      7900 Tonn       SALES

已选择11行。
```

图 21.66　简单内连接查询

实现过程如下：

（1）启动 SQL*Plus，输入用户名 scott、口令 tiger 连接数据库。

（2）使用 JOIN 实现 emp 表和 dept 表的内连接。

（3）主要程序代码如下。

```
SQL> select e.empno as 员工编号, e.ename as 员工名称, d.dname as 部门
from emp e inner join dept d
on e.deptno=d.deptno;
```

21.10.2　复杂的内连接查询

本例实现对 student 表、score 表和 course 表的内连接。结果如图 21.67 所示。

图 21.67　复杂的内连接查询

实现过程如下：

（1）启动 SQL*Plus，输入用户名 scott、口令 tiger 连接数据库。

（2）通过 JOIN 连接多个表。

（3）主要程序代码如下。

```
SQL> select st.sname,sc.sscore,co.cname
from student st
join score sc
on sc.sid = st.sid
join course co
on co.cid = st.sid;
```

21.10.3　自连接

自连接是指同一个表自己与自己进行连接。所有的数据库每次只处理表中一个行，用户可以访问一个行中的所有列，但只能在一个行中。如果同一时间需要一个表中两个不同行的信息，则需要将表与自身连接。本例中使用自连接查询所有管理者所管理的下属员工信息。结果如图 21.68 所示。

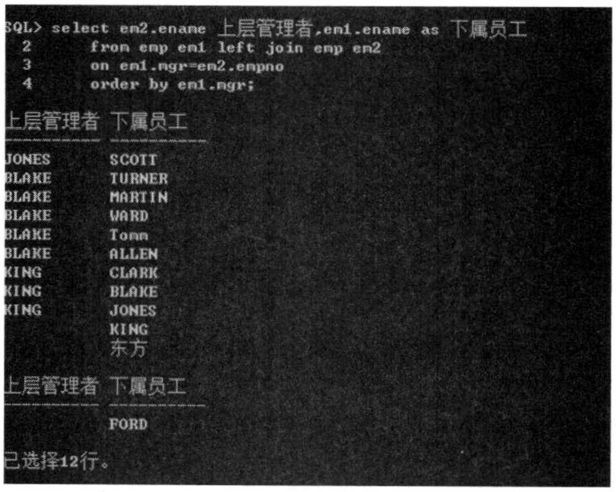

图 21.68 自连接

实现过程如下：

（1）启动 SQL*Plus，输入用户名 scott、口令 tiger 连接数据库。

（2）为表 emp 定义两个别名 em1 和 em2，对表 em1 和 em2 做左外连接，连接条件是员工的管理者列（mgr）和上级领导的员工号（empno）相同。即可查询出两者的对应关系。

（3）主要程序代码如下。

```
SQL> select em2.ename  上层管理者,em1.ename as  下属员工
    from emp em1 left join emp em2
    on em1.mgr=em2.empno
    order by em1.mgr;
```

21.10.4　LEFT JOIN 查询

首先使用 INSERT 语句在 emp 表中添加新记录（注意没有为 deptno 和 dname 列添加值，即它们的值为 NULL），然后实现 emp 表和 dept 表之间通过 deptno 列进行左外连接。结果如图 21.69 所示。

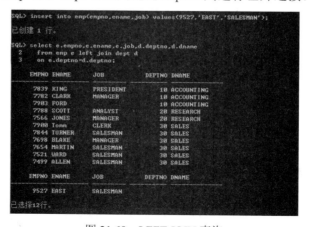

图 21.69　LEFT JOIN 查询

实现过程如下:

(1) 启动 SQL*Plus, 输入用户名 scott、口令 tiger 连接数据库。

(2) 使用 LEFT JOIN 实现 emp 表和 dept 表的左外连接。

(3) 主要程序代码如下。

```
SQL> insert into emp(empno,ename,job) values(9527,'EAST','SALESMAN');

已创建 1 行。

SQL> select e.empno,e.ename,e.job,d.deptno,d.dname
  from emp e left join dept d
  on e.deptno=d.deptno;
```

21.10.5　RIGHT JOIN 查询

在 SCOTT 模式下,实现 emp 表和 dept 表之间通过 deptno 列进行右外连接。结果如图 21.70 所示。

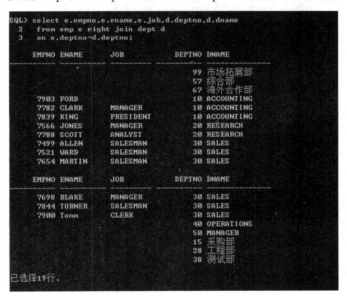

图 21.70　RIGHT JOIN 查询

实现过程如下:

(1) 启动 SQL*Plus, 输入用户名 scott、口令 tiger 连接数据库。

(2) 使用 RIGHT JOIN 实现 emp 表和 dept 表的右外连接。

(3) 主要程序代码如下。

```
SQL> select e.empno,e.ename,e.job,d.deptno,d.dname
  from emp e right join dept d
  on e.deptno=d.deptno;
```

21.10.6 使用外连接进行多表联合查询

本例综合运用外连接操作，通过外连接将多个表联合起来进行数据查询。对 emp 表、dept 表和 salgrade 表做外连接，查询员工姓名、薪水、所属部门和工资等级。结果如图 21.71 所示。

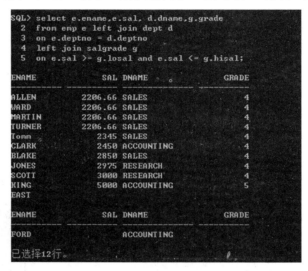

图 21.71　使用外连接进行多表联合查询

实现过程如下：

（1）启动 SQL*Plus，输入用户名 scott、口令 tiger 连接数据库。

（2）使用外连接对 emp 表、dept 表和 salgrade 表做联合查询。

（3）主要程序代码如下。

```
SQL> select e.ename,e.sal, d.dname,g.grade
from emp e left join dept d
on e.deptno = d.deptno
left join salgrade g
on e.sal >= g.losal and e.sal <= g.hisal;
```

21.10.7 完全外连接

在 SCOTT 模式下，实现 emp 表和 dept 表之间通过 deptno 列进行完全外连接。结果如图 21.72 所示。

实现过程如下：

（1）启动 SQL*Plus，输入用户名 scott、口令 tiger 连接数据库。

（2）通过 FULL JOIN 实现表的完全连接。

（3）主要程序代码如下。

```
SQL> select e.empno,e.ename,e.job,d.deptno,d.dname
  from emp e full join dept d
  on e.deptno=d.deptno;
```

图 21.72　完全外连接

21.11　小　　结

本章通过实际范例讲解了 Oracle 常用的一些应用，主要包括基础查询、通配符查询、限定查询、日期时间查询、多条件查询、分组及排序查询、函数查询、多表查询、子查询、连接查询等各个方面。学习本章内容时，读者可以随查随用，而且可以直接将用到的范例应用于自己的项目开发中。

第 22 章 Java+Oracle 实现企业人事管理系统

企业的发展不仅有技术的竞争、市场的竞争、服务的竞争，还有人才的竞争。优秀人才的引入将给企业的发展注入新鲜的血液，带给企业巨大的发展空间。所以，吸引人才，留住人才就成了企业人事管理的一个重要课题。要想留住人才不仅需要企业具有良好的发展前景，更重要的是企业要有一个健全的管理体制，这不仅能节省大量的人力和物力，还可以提高经济效益，从而带动企业快速发展。

学习摘要：

- ☑ 了解 Oracle 数据库对企业数据的管理
- ☑ 了解企业人事管理系统的软件结构和业务流程
- ☑ 掌握利用 Hibernate 建立持久层的方法
- ☑ 掌握 Swing 中表格行选取事件的使用方法
- ☑ 掌握 Swing 中树状结构的使用和维护的方法
- ☑ 掌握 Swing 中选取并显示图片的方法

22.1 开发背景

飞速发展的技术变革和创新，以及迅速变化的差异化顾客需求等新竞争环境的出现，使得越来越多的组织通过构筑自身的人事竞争力来维持生存并促进持续发展。在"以人为本"观念的熏陶下，企业人事管理在组织中的作用日益突出。但是，人员的复杂性和组织的特有性，使得企业人事管理成为难题。基于这个时代背景，企业人事管理便成为企业管理的重要内容。企业人事管理系统的作用之一是为企业的员工建立人事档案，它的出现使得人事档案查询、调用的速度加快，也使得精确分析大量员工的知识、经验、技术、能力和职业抱负成为可能，从而实现企业人事管理的标准化、科学化、数字化。

22.2 系统分析

伴随着企业人事管理系统化的日益完善，企业人事管理系统在企业管理中越来越受到企业管理者的青睐。企业人事管理系统的功能全面、操作简单，可以快速地为员工建立电子档案，并且便于修改、保存和查看，实现了无纸化存档，为企业节省了大量资金和空间。通过企业人事管理系统，还可以实现对企业员工的考勤管理、奖惩管理、培训管理、待遇管理和快速生成待遇报表。

22.3 系统设计

22.3.1 系统目标

根据企业对人事管理的要求，本系统需要实现以下目标。
- ☑ 操作简单方便、界面简洁大方。
- ☑ 方便、快捷的档案管理。
- ☑ 简单实用的考勤和奖惩管理。
- ☑ 简单实用的培训管理。
- ☑ 针对企业中不同的待遇标准，实现待遇账套管理。
- ☑ 简单明了的账套维护功能。
- ☑ 方便、快捷的账套人员设置。
- ☑ 功能强大的待遇报表功能。
- ☑ 系统运行稳定、安全可靠。

22.3.2 系统功能结构

企业人事管理系统主要包括人事管理和待遇管理两大功能模块，用来提供对企业员工的人事和待遇管理；以及系统的辅助功能模块，包括系统维护和用户管理，用来提供对系统的维护和系统安全；还包含一个系统工具模块，用来快速运行系统中的常用工具，例如系统计算器和 Excel 表格等。

人事管理模块包含的子模块有档案管理、考勤管理、奖惩管理和培训管理。其中，档案管理模块用来维护员工的基本信息，包括档案信息、职务信息和个人信息。其中，档案信息包括员工的照片。档案信息只可以添加和修改，不可以删除，因为员工档案将作为企业的永久资源和历史记录进行保存。在维护员工档案时，可以通过企业结构树快速查找员工。考勤管理模块用来记录员工的考勤信息，例如迟到、请假、加班等。奖惩管理模块用来记录员工的奖惩信息，例如因为某事情奖励或惩罚员工。培训管理模块用来记录对员工的培训信息。

待遇管理模块包含的子模块有账套管理、人员设置和统计报表。其中，账套管理模块用来建立和维护账套。所谓账套，就是对不同员工采用不同的待遇标准。例如，对已经签订劳动合同的员工和处于试用期的员工的基本工资是不同的，针对这种情况可以分别建立一个试用期账套和合同工账套。这里假设处于试用期的员工的基本工资为 2000，而已经签订劳动合同的员工的基本工资为 3000，则可以分别将试用期账套和合同工账套中的基本工资项设为 2000 和 3000。账套中的部分项目可以用于考勤管理模块的考勤项目。人员设置模块用来设置对员工采用前面建立的哪个账套，即采用哪个待遇标准，如果没有适合的账套,则可以继续建立新的账套。统计报表模块将以表格的形式统计员工的待遇情况,这里将用到在考勤管理和奖惩管理模块填写的数据,可以按月、季度、半年和年统计。

系统维护模块包含的子模块有企业架构、基本资料和初始化系统。其中,企业架构模块用来维护企业的组织结构,企业架构将以树状结构显示;基本资料模块用来维护职务种类、用工形式、账套项目、考勤项目、民族和籍贯信息;初始化系统模块用来对系统进行初始化,在正式使用前需要对系统进行初始化。

用户管理模块包含的子模块有新增用户和修改密码。其中,新增用户模块用来添加和维护系统的管理员,包括冻结和删除管理员,该模块只有超级管理员有权使用;修改密码模块用来为当前登录用户修改登录密码。

系统工具模块包含的功能有打开计算器、打开 Word 和打开 Excel,以方便用户快速地打开这 3 个常用的系统工具。

企业人事管理系统的功能结构如图 22.1 所示。

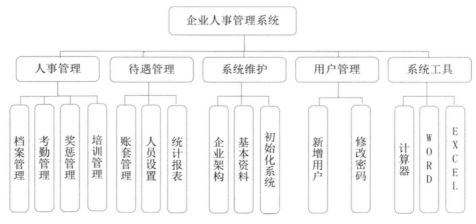

图 22.1　企业人事管理系统功能结构

22.3.3　系统预览

企业人事管理系统由多个界面组成,下面仅列出几个典型界面,其他界面效果可参见资源包中的源程序。

企业人事管理系统的主窗体效果如图 22.2 所示,窗体的左侧为系统功能结构导航,窗体的上方为系统常用功能的快捷按钮。

单击图 22.2 中左侧导航栏中的"档案管理"节点,将打开图 22.3 所示的档案列表界面。单击界面上方的"新建员工档案"按钮,可以建立新的员工档案;单击左侧的企业架构树中的部门节点,在右侧将显示相应部门的员工列表,首先选中其中的一行,然后单击界面上方的"修改员工档案"按钮,可以修改选中员工的档案。

第 22 章　Java+Oracle 实现企业人事管理系统

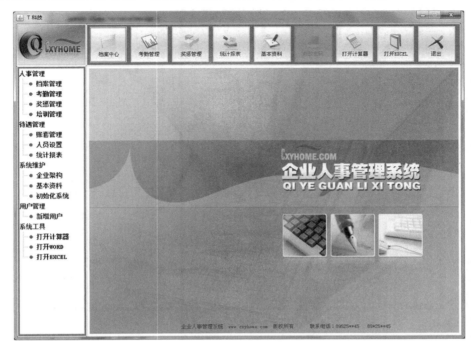

图 22.2　企业人事管理系统主窗体效果

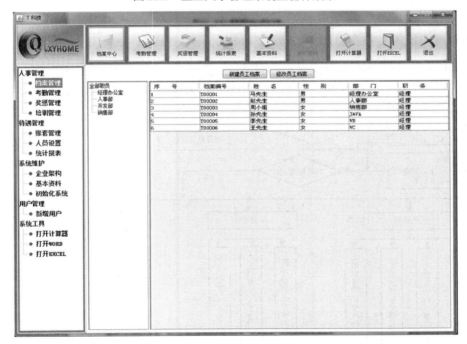

图 22.3　档案列表界面

单击图 22.2 中左侧导航栏中的"统计报表"节点，将打开图 22.4 所示的统计报表界面。在该界面可以生成统计报表，主要有月报表、季度报表、半年报表和年度报表。

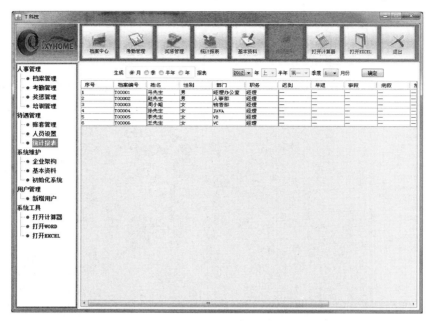

图 22.4 统计报表界面

22.3.4 业务流程图

企业人事管理系统的业务流程如图 22.5 所示。

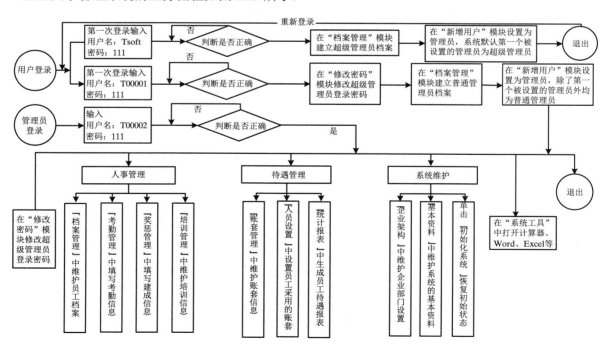

图 22.5 企业人事管理系统的业务流程

22.3.5 文件夹结构设计

每个项目都会有相应的文件夹组织结构。当项目中的窗体过多时，为了便于查找和使用，可以将窗体进行分类，放入不同的文件夹中，这样既便于前期开发，又便于后期维护。企业人事管理系统文件夹组织结构如图22.6所示。

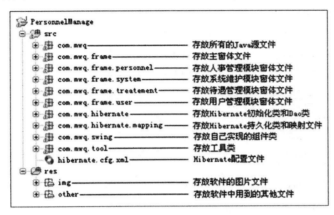

图22.6 企业人事管理系统文件夹组织结构

22.4 数据库设计

22.4.1 数据库分析

在开发应用程序时，对数据库的操作是必不可少的，而一个数据库的设计优秀与否，将直接影响到软件的开发进度和性能，所以对数据库的设计就显得尤为重要。数据库的设计要根据程序的需求及其功能制定，如果在开发软件之前不能很好地设计数据库，在开发过程中将反复修改数据库，这将严重影响开发进度。

22.4.2 数据库概念设计

数据库设计是系统设计过程中的重要组成部分，它是通过管理系统的整体需求而制定的，数据库设计的好坏直接影响到系统的后期开发。下面对本系统中具有代表性的数据库设计进行详细说明。

在开发企业人事管理系统时，最重要的是人事档案信息。本系统将档案信息又分为档案信息、职务信息和个人信息，由于信息多而复杂，这里只给出关键的信息。下面是档案信息表的E-R图，如图22.7所示。

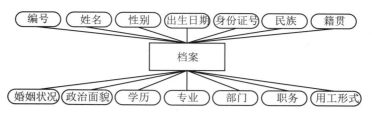

图 22.7　档案信息表的 E-R 图

本系统提供了人事考勤记录和人事奖惩记录功能,这里只给出人事考勤信息表的 E-R 图,如图 22.8 所示。

根据企业人事管理中的现实需求,本系统提供了多账套管理功能,通过这一功能,可以很方便地对各种类型的员工实施不同的待遇标准。账套信息表的 E-R 图如图 22.9 所示。

图 22.8　考勤信息表的 E-R 图　　　　图 22.9　账套信息表的 E-R 图

每个账套都要包含多个账套项目,这些账套中的项目可以有零个或多个是不同的,区别是每个账套项目的金额是不同的。账套项目信息表的 E-R 图如图 22.10 所示。

图 22.10　账套项目信息表的 E-R 图

建立多账套是为了实现对员工按照不同的待遇标准进行管理,所以要将员工设置到不同的账套中,即表示对该员工实施相应的待遇标准。账套设置信息表的 E-R 图如图 22.11 所示。

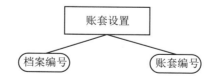

图 22.11　账套设置信息表的 E-R 图

22.4.3　数据库逻辑结构设计

数据库概念设计中已经分析了档案、考勤和账套等主要的数据实体对象,这些实体对象是数据表结构的基本模型,最终的数据模型都要实施到数据库中,形成整体的数据结构。可以使用 PowerDesigner 工具完成这个数据库的建模,其模型结构如图 22.12 所示。

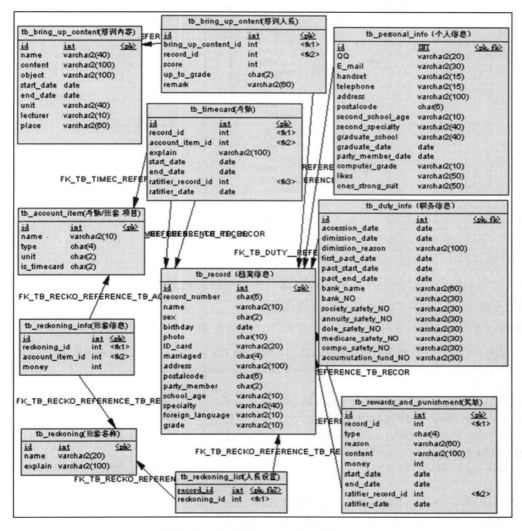

图 22.12　企业人事管理系统数据库模型

22.5　主窗体设计

主窗体是软件系统的一个重要组成部分，是提供人机交互的一个必不可少的操作平台。通过主窗体，用户可以打开与系统相关的各个子操作模块，完成对软件的操作和使用；另外通过主窗体，用户还可以快速掌握本系统的基本功能。

22.5.1　导航栏的设计

通过本系统的导航栏，可以打开本系统的所有子模块。导航栏的效果如图 22.13 所示。

图 22.13 导航栏效果

本系统的导航栏是通过树组件实现的,在这里不显示树的根节点,并且打开软件时树结构是展开的,还设置在叶子节点折叠和展开时均不采用图标。

下面的代码将通过树节点对象创建一个树结构,最后创建一个树模型对象。

```
DefaultMutableTreeNode root = new DefaultMutableTreeNode("root");        // 创建树的根节点
DefaultMutableTreeNode personnelNode = new DefaultMutableTreeNode(
    "人事管理");                                                          // 创建树的一级子节点
personnelNode.add(new DefaultMutableTreeNode("档案管理"));                // 创建树的叶子节点并添加到一级子节点
personnelNode.add(new DefaultMutableTreeNode("考勤管理"));
personnelNode.add(new DefaultMutableTreeNode("奖惩管理"));
personnelNode.add(new DefaultMutableTreeNode("培训管理"));
root.add(personnelNode);                                                 // 向根节点添加一级子节点

DefaultMutableTreeNode treatmentNode = new DefaultMutableTreeNode("待遇管理");
treatmentNode.add(new DefaultMutableTreeNode("账套管理"));
treatmentNode.add(new DefaultMutableTreeNode("人员设置"));
treatmentNode.add(new DefaultMutableTreeNode("统计报表"));
root.add(treatmentNode);

DefaultMutableTreeNode systemNode = new DefaultMutableTreeNode("系统维护");
systemNode.add(new DefaultMutableTreeNode("企业架构"));
systemNode.add(new DefaultMutableTreeNode("基本资料"));
systemNode.add(new DefaultMutableTreeNode("初始化系统"));
root.add(systemNode);

DefaultMutableTreeNode userNode = new DefaultMutableTreeNode("用户管理");
// 当 record 为 null 时,说明是通过默认用户登录的,此时只能新增用户,不能修改密码
if (record == null) {
    userNode.add(new DefaultMutableTreeNode("新增用户"));
} else {// 否则为通过管理员登录
```

```java
        String purview = record.getTbManager().getPurview();
        if (purview.equals("超级管理员")) {
            // 只有当管理员的权限为"超级管理员"时,才有权新增用户
            userNode.add(new DefaultMutableTreeNode("新增用户"));
        }
        // 只有通过管理员登录时才有权修改密码
        userNode.add(new DefaultMutableTreeNode("修改密码"));
}
root.add(userNode);

DefaultMutableTreeNode toolNode = new DefaultMutableTreeNode("系统工具");
toolNode.add(new DefaultMutableTreeNode("打开计算器"));
toolNode.add(new DefaultMutableTreeNode("打开 WORD"));
toolNode.add(new DefaultMutableTreeNode("打开 EXCEL"));
root.add(toolNode);
// 通过树节点对象创建树模型对象
DefaultTreeModel treeModel = new DefaultTreeModel(root);
```

下面的代码将利用在上段代码中创建的树模型对象创建一个树对象,并设置树对象的相关绘制属性。

```java
tree = new JTree(treeModel);                                // 通过树模型对象创建树对象
tree.setBackground(Color.WHITE);                            // 设置树的背景色
tree.setRootVisible(false);                                 // 设置不显示树的根节点,默认为显示,即true
tree.setRowHeight(24);                                      // 设置各节点的高度为27像素
tree.setFont(new Font("宋体", Font.BOLD, 14));              // 设置节点的字体样式
// 创建一个树的绘制对象
DefaultTreeCellRenderer renderer = new DefaultTreeCellRenderer();
// renderer.setLeafIcon(null);                              // 设置叶子节点不采用图标
renderer.setClosedIcon(null);                               // 设置节点折叠时不采用图标
renderer.setOpenIcon(null);                                 // 设置节点展开时不采用图标
tree.setCellRenderer(renderer);                             // 将树的绘制对象设置到树中
int count = root.getChildCount();                           // 获得一级节点的数量
for (int i = 0; i < count; i++) {                           // 遍历树的一级节点
    DefaultMutableTreeNode node = (DefaultMutableTreeNode) root
            .getChildAt(i);                                 // 获得指定索引位置的一级节点对象
    TreePath path = new TreePath(node.getPath());           // 获得节点对象的路径
    tree.expandPath(path);                                  // 展开该节点
}
tree.addTreeSelectionListener(new TreeSelectionListener() { // 捕获树的选取事件
        public void valueChanged(TreeSelectionEvent e) {
            …//由于篇幅有限,此处省略了处理捕获事件的关键代码,详见资源包源代码
        }
    });
leftPanel.add(tree);
```

> **说明**
> 在上面的代码中，setRootVisible(boolean b)方法用于设置是否显示树的根节点，默认为显示根节点，即默认为 true；如果设置为 false，则不显示树的根节点。

22.5.2 工具栏的设计

为了方便用户使用系统，在工具栏为常用的系统子模块提供了快捷按钮，通过这些按钮，用户可以快速地进入系统中常用的子模块。工具栏的效果如图 22.14 所示。

图 22.14 工具栏效果

下面的代码将创建一个用来添加快捷按钮的面板，并且为面板设置了边框，面板的布局管理器为水平箱式布局。

```java
final JPanel buttonPanel = new JPanel();                         // 创建工具栏面板
final GridLayout gridLayout = new GridLayout(1, 0);              // 创建一个水平箱式布局管理器对象
gridLayout.setVgap(6);                                           // 箱的垂直间隔为6像素
gridLayout.setHgap(6);                                           // 箱的水平间隔为6像素
buttonPanel.setLayout(gridLayout);                               // 设置工具栏面板采用的布局管理器为箱式布局
buttonPanel.setBackground(new Color(90, 130, 189));              // 设置工具栏面板的背景色
buttonPanel.setBorder(new TitledBorder(null, "",
    TitledBorder.DEFAULT_JUSTIFICATION,
    TitledBorder.DEFAULT_POSITION, null, null));                 // 设置工具栏面板采用的边框样式
topPanel.add(buttonPanel, BorderLayout.CENTER);                  // 将工具栏面板添加到上级面板中
```

在工具栏提供了用来快速打开"档案中心""考勤管理""奖惩管理""统计报表""基本资料""修改密码"子模块的按钮，以及"打开计算器"和"打开 EXCEL"两个打开常用系统工具的按钮，还有一个用来快速退出系统的"退出"按钮。这些快捷按钮的实现代码基本相同，所以这里只给出"档案中心"快捷按钮的实现代码。关键代码如下：

```java
final JButton recordShortcutKeyButton = new JButton();           //创建进入"档案管理"的快捷按钮
resource = this.getClass().getResource("/img/record.JPG");
icon = new ImageIcon(resource);
recordShortcutKeyButton.setIcon(icon);
//为按钮添加事件监听器，用来捕获按钮被单击的事件
recordShortcutKeyButton.addActionListener(new ActionListener() {
    public void actionPerformed(ActionEvent e) {
        rightPanel.removeAll();                                  //移除内容面板中的所有内容
        rightPanel.add(new RecordSelectedPanel(rightPanel),
            BorderLayout.CENTER);                                //将档案管理面板添加到内容面板中
        SwingUtilities.updateComponentTreeUI(rightPanel);        //刷新内容面板中的内容
```

```
        }
    });
buttonPanel.add(recordShortcutKeyButton);
```

在实现"修改密码"按钮时,需要判断当前的登录用户,如果用户是通过系统的默认用户登录的,则不允许修改密码,需要把"修改密码"按钮设置为不可用。关键代码如下:

```
final JButton updatePasswordShortcutKeyButton = new JButton();
resource = this.getClass().getResource("/img/password.JPG");
icon = new ImageIcon(resource);
updatePasswordShortcutKeyButton.setIcon(icon);
if (record == null)// 当 record 为 null 时,说明是通过默认用户登录的,此时不能修改密码
    updatePasswordShortcutKeyButton.setEnabled(false);        // 在这种情况下设置按钮不可用
updatePasswordShortcutKeyButton.addActionListener(new ActionListener() {
    public void actionPerformed(ActionEvent e) {
        rightPanel.removeAll();
        SwingUtilities.updateComponentTreeUI(rightPanel);
        // 创建用来修改密码的对话框
        UpdatePasswordDialog dialog = new UpdatePasswordDialog();
        dialog.setRecord(record);                             // 将当前登录的管理员档案对象传入对话框
        dialog.setVisible(true);                              // 设置对话框为可见的,即显示对话框
    }
});
buttonPanel.add(updatePasswordShortcutKeyButton);
```

通过 java.awt.Desktop 类的 open(File file)方法,可以运行系统中的其他软件,例如,运行系统计算器。为了方便用户使用系统计算器和 Excel,本系统提供了"打开计算器"和"打开 Excel"两个按钮。这两个按钮的实现代码基本相同,下面将以打开系统计算器为例,讲解如何在 Java 程序中打开其他软件。关键代码如下:

```
final JButton counterShortcutKeyButton = new JButton();
resource = this.getClass().getResource("/img/calculator.JPG");
icon = new ImageIcon(resource);
counterShortcutKeyButton.setIcon(icon);
counterShortcutKeyButton.addActionListener(new ActionListener() {
    public void actionPerformed(ActionEvent e) {
        Desktop desktop = Desktop.getDesktop();               // 获得当前系统对象
        File file = new File("C:/WINDOWS/system32/calc.exe"); // 创建一个系统计算器对象
        try {
            desktop.open(file);                               // 打开系统计算器
        } catch (Exception e1) {                              // 当打开失败时,弹出提示信息
            JOptionPane.showMessageDialog(null,"很抱歉,未能打开系统自带的计算器!",
                "友情提示", JOptionPane.INFORMATION_MESSAGE);
            return;
        }
    }
```

```
});
buttonPanel.add(counterShortcutKeyButton);
```

最后,创建一个用来快速退出系统的"退出"按钮。关键代码如下:

```
final JButton exitShortcutKeyButton = new JButton();
resource = this.getClass().getResource("/img/exit.JPG");
icon = new ImageIcon(resource);
exitShortcutKeyButton.setIcon(icon);
exitShortcutKeyButton.addActionListener(new ActionListener() {
    public void actionPerformed(ActionEvent e) {
        System.exit(0);                                         // 退出系统
    }
});
buttonPanel.add(exitShortcutKeyButton);
```

22.6 公共模块设计

公共模块设计是软件开发的一个重要组成部分,它既起到了代码重用的作用,又起到了规范代码结构的作用,尤其在团队开发的情况下,是解决重复编码的最好方法,这样对软件的后期维护也起到了积极的作用。

22.6.1 编写 Hibernate 配置文件

在 Hibernate 配置文件中包含两方面的内容:一方面是连接数据库的基本信息,例如,连接数据库的驱动程序、URL、用户名和密码等;另一方面是 Hibernate 的配置信息,例如,配置数据库使用的方言、持久化类映射文件等,还可以配置是否在控制台输出 SQL 语句,以及是否对输出的 SQL 语句进行格式化和添加提示信息等。本系统使用的 Hibernate 配置文件的关键代码如下:

```xml
<property name="connection.driver_class"><!-- 配置数据库的驱动类 -->
    oracle.jdbc.driver.OracleDriver
</property>
<property name="connection.url"><!-- 配置数据库的连接路径 -->
    jdbc:oracle:thin:@127.0.0.1:1521:orcl
</property>
<property name="connection.username">system</property><!-- 配置数据库的连接用户名 -->
<property name="connection.password">Mingri</property><!-- 配置数据库的连接密码(创建数据库时设置的密码),如果密码为空,则可以省略该行配置代码 -->
<property name="dialect"><!-- 配置数据库使用的方言 -->
    org.hibernate.dialect.OracleDialect
</property>
<property name="show_sql">true</property><!-- 配置在控制台显示 SQL 语句 -->
```

```
<property name="format_sql">true</property><!-- 配置对输出的 SQL 语句进行格式化 -->
<property name="use_sql_comments">true</property><!-- 配置在输出的 SQL 语句前面添加提示信息 -->
<mapping resource="com/mwq/hibernate/mapping/TbDept.hbm.xml" /><!-- 配置持久化类映射文件 -->
```

> **说明**
>
> 在上面的代码中,show_sql 属性用来配置是否在控制台输出 SQL 语句,默认为 false,即不输出;建议在调试程序时将该属性以及 format_sql 和 use_sql_comments 属性同时设置为 true,这样可以快速找出错误原因,但是在发布程序之前,一定要将这 3 个属性再设置为 false(也可以删除这 3 行配置代码,因为它们的默认值均为 false,笔者推荐删除),这样做的好处是节省了格式化、注释和输出 SQL 语句的时间,从而提高了软件的性能。

22.6.2 编写 Hibernate 持久化类和映射文件

持久化类是数据实体的对象表现形式。通常情况下持久化类与数据表是相互对应的,它们通过持久化类映射文件建立映射关系。持久化类不需要实现任何类和接口,只需要提供一些属性及其对应的 setter/getter 方法。需要注意的是,每一个持久化类都需要提供一个没有入口参数的构造方法。

下面是持久化类 TbRecord 的部分代码,为了节省篇幅,这里只给出了两个具有代表性的属性,其中属性 id 为主键。

```java
public class TbRecord implements java.io.Serializable {
    public TbRecord() {
    }
    private int id;
    private String name;
    public void setId(int id) {
        this.id = id;
    }
    public int getId() {
        return id;
    }
    public String getName() {
        return this.name;
    }
    public void setName(String name) {
        this.name = name;
    }
}
```

下面是与持久化类 TbRecord 对应的映射文件 TbRecord.hbm.xml 的相应代码。持久化类映射文件负责建立持久化类与对应数据表之间的映射关系。

```xml
<class name="com.mwq.hibernate.mapping.TbRecord" table="tb_record">
    <id name="id" type="java.lang.Integer">
```

```xml
    <column name="id" />
    <generator class="increment" />
</id>
<property name="recordNumber" type="java.lang.String">
    <column name="record_number" length="6" not-null="true" />
</property>
</class>
```

> **说明**
>
> 在上面的代码中，<generator>元素用来配置主键的生成方式，当把class属性设置为increment时，表示采用Hibernate自增；<property>元素用来配置属性的映射关系，其中name属性为持久化类中属性的名称，type属性为持久化类中属性的类型。

22.6.3 编写通过Hibernate操作持久化对象的常用方法

对数据库的操作，离不开增、删、改、查，所以在这里也离不开实现这些功能的方法。不过在这里还针对Hibernate的特点，实现了两个具有特殊功能的方法：一个是用来过滤关联对象集合的方法；另一个是用来批量删除记录的方法。下面只介绍这两个方法和一个删除单个对象的方法，其他参见资源包源代码。

下面的方法是用来过滤一对多关联中Set集合中对象的方法。这是Hibernate提供的一个非常实用的集合过滤功能，通过该功能可以从关联集合中检索出符合指定条件的对象，检索条件可以是所有合法的HQL语句，关键代码如下：

```java
public List filterSet(Set set, String hql) {
    Session session = HibernateSessionFactory.getSession();    //获得Session对象
    //通过session对象的createFilter()方法按照hql条件过滤set集合
    Query query = session.createFilter(set, hql);
    List list = query.list();                                  //执行过滤，返回值为List类型的结果集
    return list;                                               //返回过滤结果
}
```

下面的方法用来删除指定持久化对象，关键代码如下：

```java
public boolean deleteObject(Object obj) {
    boolean isDelete = true;                                   //默认删除成功
    Session session = HibernateSessionFactory.getSession();    //获得Session对象
    Transaction tr = session.beginTransaction();               //开启事务
    try {
        session.delete(obj);                                   //删除指定持久化对象
        tr.commit();                                           //提交事务
    } catch (HibernateException e) {
        isDelete = false;                                      //删除失败
        tr.rollback();                                         //回滚事务
```

```
        e.printStackTrace();
    }
    return isDelete;
}
```

下面的方法用来批量删除对象,通过这种方法删除对象,每次只需要执行一条 SQL 语句。关键代码如下:

```
public boolean deleteOfBatch(String hql) {
    boolean isDelete = true;                                    //默认删除成功
    Session session = HibernateSessionFactory.getSession();     //获得 Session 对象
    Transaction tr = session.beginTransaction();                //开启事务
    try {
        Query query = session.createQuery(hql);                 //预处理 hql 语句,获得 Query 对象
        query.executeUpdate();                                  //执行批量删除
        tr.commit();                                            //提交事务
    } catch (HibernateException e) {
        isDelete = false;                                       //删除失败
        tr.rollback();                                          //回滚事务
        e.printStackTrace();
    }
    return isDelete;
}
```

22.6.4　创建具有特殊效果的部门树对话框

在系统中有多处需要填写部门。如果通过 JComboBox 组件提供部门列表,则不能够体现出企业的组织架构,用户在使用过程中也不是很直观和方便,因此开发了一个具有特殊效果的部门树对话框,例如在新建档案时需要填写部门,利用该对话框实现的效果如图 22.15 所示。

用户在填写部门时,只需要单击文本框后的按钮,就会弹出一个用来选取部门的部门树对话框,并且这个对话框显示在文本框和按钮的正下方,通过这种方法实现对部门的选取,对于用户将更加直观和方便。

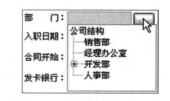

图 22.15　用于特殊效果的部门树对话框

从图 22.15 可以看出,这里用来选取部门的部门树对话框不需要提供标题栏,并且建议令这个对话框阻止当前线程,这样做的好处是可以强制用户选取部门,并且可以及时地销毁对话框,释放其占用的资源。实现这两点的关键代码如下:

```
setModal(true);              //设置对话框阻止当前线程
setUndecorated(true);        //设置对话框不提供标题栏
```

下面开始创建部门树。首先创建树节点对象,包括根节点及其子节点,并将子节点添加到上级节点中,然后利用根节点对象创建树模型对象,最后利用树模型对象创建树对象。当树节点超过一定数

量时,树结构的高度可能大于对话框的高度,所以要将部门树放在滚动面板当中。关键代码如下:

```java
final JScrollPane scrollPane = new JScrollPane();                // 创建滚动面板
getContentPane().add(scrollPane, BorderLayout.CENTER);
TbDept company = (TbDept) dao.queryDeptById(1);
DefaultMutableTreeNode root = new DefaultMutableTreeNode(company
    .getName());                                                 // 创建部门树的根节点
Set depts = company.getTbDepts();
for (Iterator deptIt = depts.iterator(); deptIt.hasNext();) {
    TbDept dept = (TbDept) deptIt.next();
    DefaultMutableTreeNode deptNode = new DefaultMutableTreeNode(dept
        .getName());                                             // 创建部门树的二级子节点
    root.add(deptNode);
    Set sonDepts = dept.getTbDepts();
    for (Iterator sonDeptIt = sonDepts.iterator(); sonDeptIt.hasNext();) {
        TbDept sonDept = (TbDept) sonDeptIt.next();
        // 创建部门树的叶子节点
        deptNode.add(new DefaultMutableTreeNode(sonDept.getName()));
    }
}
// 利用根节点对象创建树模型对象
DefaultTreeModel treeModel = new DefaultTreeModel(root);
tree = new JTree(treeModel);                                     // 利用树模型对象创建树对象
scrollPane.setViewportView(tree);                                // 将部门树放到滚动面板中
```

在通过构造方法创建部门树对话框时,需要传入要填写部门的文本框对象,这样在捕获树节点被选中的事件后会自动填写部门名称。用来捕获树节点被选中事件的关键代码如下:

```java
tree.addTreeSelectionListener(new TreeSelectionListener() {      // 捕获树节点被选中的事件
    public void valueChanged(TreeSelectionEvent e) {
        TreePath treePath = e.getPath();                         // 获得被选中树节点的路径
        DefaultMutableTreeNode node = (DefaultMutableTreeNode) treePath
            .getLastPathComponent();                             // 获得被选中树节点的对象
        if (node.getChildCount() == 0) {                         // 被选中的节点为叶子节点
            // 将选中节点的名称显示到传入的文本框中
            textField.setText(node.toString());
        } else {                                                 // 被选中的节点不是叶子节点
            JOptionPane.showMessageDialog(null, "请选择所在的具体部门",
                "错误提示", JOptionPane.ERROR_MESSAGE);
            return;
        }
        dispose();                                               // 销毁部门树对话框
    }
});
```

22.6.5 创建通过部门树选取员工的面板和对话框

在系统中有多处需要通过部门树选取员工，其中一处是在主窗体中，其他的均在对话框中，所以这里需要单独实现一个通过部门树选取员工的面板，然后将面板添加到主窗体或对话框中，从而实现代码的最大重用。最终实现的对话框效果如图 22.16 所示，当选中左侧部门树中的相应部门时，在右侧表格中将列出该部门及其子部门的所有员工。

图 22.16　"按部门查找员工"对话框

下面实现面板类 DeptAndPersonnelPanel，首先创建表格，在创建表格时，可以通过向量初始化表格，也可以通过数组初始化表格。关键代码如下：

```
tableColumnV = new Vector<String>();                                    // 创建表格列名向量
String tableColumns[] = new String[] { "序      号","档案编号","姓      名",
    "性      别","部      门","职      务" };
for (int i = 0; i < tableColumns.length; i++) {                         // 添加表格列名
    tableColumnV.add(tableColumns[i]);
}
tableValueV = new Vector<Vector<String>>();                             // 创建表格值向量
showAllRecord();
HibernateSessionFactory.closeSession();
tableModel = new DefaultTableModel(tableValueV, tableColumnV);          // 创建表格模型对象
table = new JTable(tableModel);                                         // 创建表格对象
personnalScrollPane.setViewportView(table);
```

然后为部门树添加节点选取事件处理代码，当选取的为根节点时，将显示所有档案，当选取的为子节点时，将显示该部门的档案，否则显示选中部门包含子部门的所有档案。关键代码如下：

```
tree.addTreeSelectionListener(new TreeSelectionListener() {
    public void valueChanged(TreeSelectionEvent e) {
        TreePath path = e.getPath();                                    // 获得被选中树节点的路径
        tableValueV.removeAllElements();                                // 移除表格中的所有行
        if (path.getPathCount() == 1) {                                 // 选中树的根节点
            showAllRecord();                                            // 显示所有档案
        } else {                                                        // 选中树的子节点
            // 获得选中部门的名称
            String deptName = path.getLastPathComponent().toString();
            // 检索指定部门对象
```

```
            TbDept selectDept = (TbDept) dao.queryDeptByName(deptName);
            Iterator sonDeptIt = selectDept.getTbDepts().iterator();
            if (sonDeptIt.hasNext()) {                              // 选中树的二级节点
                while (sonDeptIt.hasNext()) {
                    // 显示选中部门所有子部门的档案
                    showRecordInDept((TbDept) sonDeptIt.next());
                }
            } else {                                                // 选中树的叶子节点
                showRecordInDept(selectDept);                       // 显示选中部门的档案
            }
        }
        tableModel.setDataVector(tableValueV, tableColumnV);
    }
});
```

下面实现对话框类 DeptAndPersonnelDialog，在对话框中提供 3 个按钮，用户可以通过"全选"按钮选择表格中的所有档案，也可以用鼠标点选指定档案，然后单击"添加"按钮，将选中的档案记录添加到指定向量中，添加结束后单击"退出"按钮。需要注意的是，在单击"退出"按钮时并没有销毁对话框，只是将其变为不可见，在调用对话框的位置获得选中档案信息之后才销毁对话框。

负责捕获"添加"按钮事件的关键代码如下：

```
final JButton addButton = new JButton();
addButton.addActionListener(new ActionListener() {              // 捕获按钮被按下的事件
    public void actionPerformed(ActionEvent e) {
        int[] rows = table.getSelectedRows();                   // 获得选中行的索引
        int columnCount = table.getColumnCount();               // 获得表格的列数
        for (int row = 0; row < rows.length; row++) {
            // 创建一个向量对象，代表表格的一行
            Vector<String> recordV = new Vector<String>();
            for (int column = 0; column < columnCount; column++) {
                // 将表格中的值添加到向量中
                recordV.add(table.getValueAt(rows[row], column).toString());
            }
            selectedRecordV.add(recordV);                       // 将代表选中行的向量添加到另一个向量中
        }
    }
});
addButton.setText("添加");                                       // 设置按钮的名称
```

22.7 人事管理模块设计

人事管理模块是企业人事管理系统的灵魂，是其他模块的基础，所以能否合理设计人事管理模块，对系统的整体设计和系统功能的开发将起到十分重要的作用。

22.7.1 人事管理模块功能概述

人事管理模块包含档案管理、考勤管理、奖惩管理和培训管理 4 个子模块。

档案管理模块用来建立和修改员工档案，当进入档案管理模块时，将看到如图 22.17 所示界面。

图 22.17 员工档案列表界面

单击"新建员工档案"按钮或在表格中选中要修改的员工档案后，单击"修改员工档案"按钮，将打开图 22.18 所示界面，在该界面可以建立或修改员工档案，并且可以设置员工照片，填写完成后，单击"保存"按钮保存员工档案。

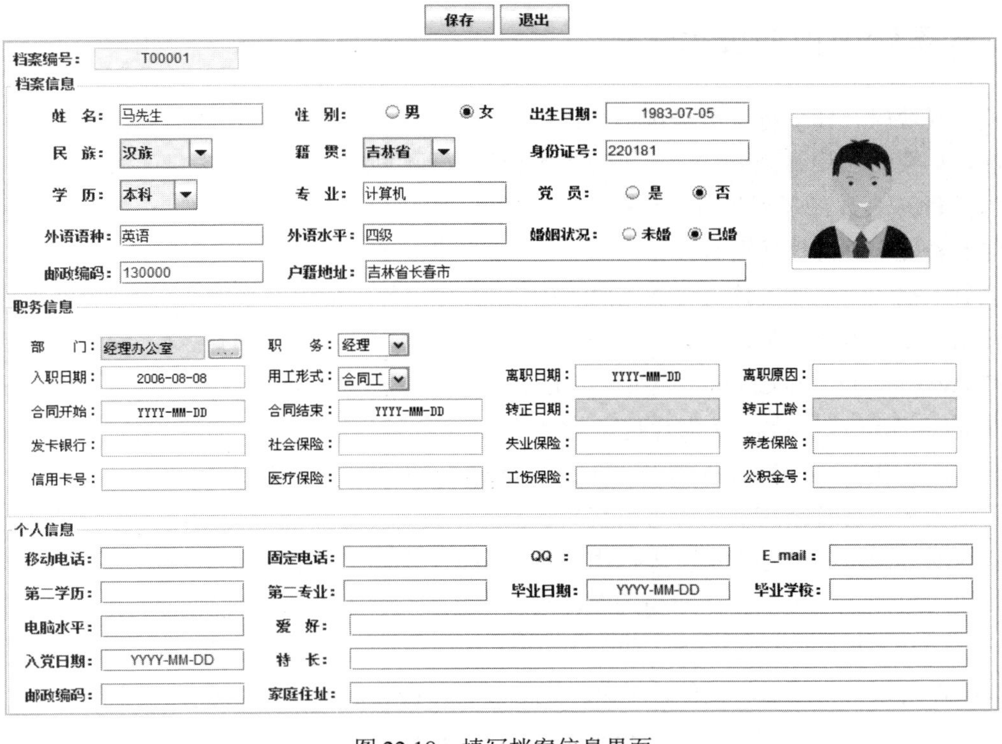

图 22.18 填写档案信息界面

考勤管理和奖惩管理用来填写相关记录，这些记录信息将体现在统计报表模块，例如在这里给某员工填写一次迟到考勤，在做统计报表时将根据其采用的账套在其待遇中扣除相应的金额。这两个模块的实现思路基本相同，在这里只给出考勤管理界面，如图 22.19 所示。

图 22.19　考勤管理界面

培训管理用来记录对员工的培训信息，如图 22.20 所示，选中培训记录后单击"查看"按钮可以查看具体的培训人员。

图 22.20　培训列表界面

22.7.2　人事管理模块技术分析

在开发该模块时，需要处理大量用户输入的信息。处理用户输入信息的第一步是检查用户输入信息的合法性。如果是利用常规方法去验证每个组件接收到的数据，将耗费大量的时间和代码。对于这种情况，可以利用 Java 的反射机制先进行简单的验证，例如不允许为空的验证，然后再针对特殊的数据进行具体的验证，例如日期型数据。

在建立员工档案时需要支持上传员工照片的功能。如果想支持这一功能，必须了解两项关键技术：一是如何弹出用来选取照片的对话框；二是如何将照片文件上传到指定的位置。用来选取照片的对话框可以通过 javax.swing.JFileChooler 类实现，还可以通过实现 javax.swing.filechooser.FileFilter 接口，对指定路径中的文件进行过滤，令照片选取对话框中只显示照片文件。实现上传照片功能需要通过 java.io.File、java.io.FileInputStream 和 java.io.FileOutputStream 类联合实现。

在考勤管理和奖惩管理模块，即可以直接在员工下拉列表框中选取考勤或奖惩的员工，也可以先选取员工所在的部门，对员工下拉列表框中的可选项进行筛选，然后再选取具体的员工。要实现这一功能，需要实现组件之间的联动，即当选取部门时，将间接控制员工下拉列表框的变化；同样在选取员工下拉列表框时，也要间接控制部门组件的变化，即在部门组件中要显示员工所在的部门。可以通过捕获各个组件的事件完成这一功能，例如，通过 java.awt.event.ItemListener 监听器捕获下拉列表框中被选中的事件；通过 javax.swing.event.TreeSelectionListener 监听器捕获树节点被选中的事件。

22.7.3　人事管理模块的实现过程

在开发人事管理模块时，主要是突破技术分析中的几个技术点，掌握这几个技术点后，就可以顺利地实现人事管理模块了。

1．实现上传员工照片功能

在开发上传员工照片功能时，首先是确定显示照片的载体。在 Swing 中可以通过 JLable 组件显示照片，在该组件中也可以显示文字。在本系统中，如果已上传照片则显示照片，否则显示提示文字。关键代码如下：

```
photoLabel = new JLabel();                                       // 创建用来显示照片的对象
photoLabel.setHorizontalAlignment(SwingConstants.CENTER);        // 设置照片或文字居中显示
photoLabel.setBorder(new TitledBorder(null, "",
    TitledBorder.DEFAULT_JUSTIFICATION,
    TitledBorder.DEFAULT_POSITION, null, null));                 // 设置边框
photoLabel.setPreferredSize(new Dimension(120, 140));            // 设置显示照片的大小
// 新建档案或未上传照片
if (UPDATE_RECORD == null || UPDATE_RECORD.getPhoto() == null) {
    photoLabel.setText("双击添加照片");                          // 显示文字提示
} else {                                                         // 修改档案并且已上传照片
    // 获得指定路径的绝对路径
    URL url = this.getClass().getResource("/personnel_photo/");
    // 组织员工照片的存放路径
    String photo = url.toString().substring(5) + UPDATE_RECORD.getPhoto();
    photoLabel.setIcon(new ImageIcon(photo));                    // 创建照片对象并显示
}
```

然后是确定如何弹出供用户选取照片的对话框。可以通过按钮捕获用户上传照片的请求，也可以通过 JLable 组件自己捕获该请求，即为 JLable 组件添加鼠标监听器，当用户双击该组件时，弹出供用户选取照片的对话框，本系统采用的是后者。Swing 提供了一个用来选取文件的对话框类 JFileChooser，当执行 JFileChooser 类的 showOpenDialog() 方法时将弹出文件选取对话框，如图 22.21 所示。

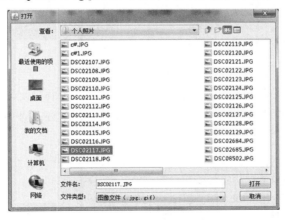

图 22.21　选取照片对话框

该方法返回 int 型值，用来区别用户执行的操作。当返回值为静态常量 APPROVE_OPTION 时，表示用户选取了照片，这时需要将选中的照片显示到 JLable 组件中。关键代码如下：

```java
photoLabel.addMouseListener(new MouseAdapter() {            // 添加鼠标监听器
    public void mouseClicked(MouseEvent e) {
        if (e.getClickCount() == 2) {                        // 判断是否为双击
            JFileChooser fileChooser = new JFileChooser();   // 创建文件选取对话框
            fileChooser.setFileFilter(new FileFilter() {     // 为对话框添加文件过滤器
                public String getDescription() {             // 设置提示信息
                    return "图像文件（.jpg;.gif）";
                }
                public boolean accept(File file) {           // 设置接受文件类型
                    if (file.isDirectory())                  // 为文件夹则返回 true
                        return true;
                    String fileName = file.getName().toLowerCase();
                    if (fileName.endsWith(".jpg") || fileName
                        .endsWith(".gif"))                   // 为 JPG 或 GIF 格式文件则返回 true
                        return true;
                    // 否则返回 false，即不显示在文件选取对话框中
                    return false;
                }
            });
            // 弹出文件选取对话框并接收用户的处理信息
            int i = fileChooser.showOpenDialog(getParent());
            if (i == fileChooser.APPROVE_OPTION) {           // 用户选取了照片
                File file = fileChooser.getSelectedFile();   // 获得用户选取的文件对象
                if (file != null) {
                    // 创建照片对象
                    ImageIcon icon = new ImageIcon(file.getAbsolutePath());
                    photoLabel.setText(null);                // 取消提示文字
                    photoLabel.setIcon(icon);                // 显示照片
                }
            }
        }
    }
});
```

最后就是在保存档案信息时将照片上传到指定路径下，上传到指定路径下的照片名称将修改为档案编号，但是因为可以上传两种格式的图片，为了记录图片格式，还是要将照片名称保存到数据库中。关键代码如下：

```java
if (photoLabel.getIcon() != null) {                          // 查看是否上传照片
    // 通过选中图片的路径创建文件对象
    File selectPhoto = new File(photoLabel.getIcon().toString());
    // 获得指定路径的绝对路径
    URL url = this.getClass().getResource("/personnel_photo/");
    // 组合文件路径
    StringBuffer uriBuffer = new StringBuffer(url.toString());
    String selectPhotoName = selectPhoto.getName();
```

```
int i = selectPhotoName.lastIndexOf(".");
uriBuffer.append(recordNoTextField.getText());
uriBuffer.append(selectPhotoName.substring(i));
try {
    // 创建上传文件对象
    File photo = new File(new URL(uriBuffer.toString()).toURI());
    record.setPhoto(photo.getName());                           // 将图片名称保存到数据库
    if (!photo.exists()) {                                      // 如果文件不存在则创建文件
        photo.createNewFile();
    }
    // 创建输入流对象
    InputStream inStream = new FileInputStream(selectPhoto);
    // 创建输出流对象
    OutputStream outStream = new FileOutputStream(photo);
    int readBytes = 0;                                          // 读取字节数
    byte[] buffer = new byte[10240];                            // 定义缓存数组
    // 从输入流读取数据到缓存数组中
    while ((readBytes = inStream.read(buffer, 0, 10240)) != -1) {
        // 将缓存数组中的数据输出到输出流
        outStream.write(buffer, 0, readBytes);
    }
    outStream.close();                                          // 关闭输出流对象
    inStream.close();                                           // 关闭输入流对象
} catch (Exception e) {
    e.printStackTrace();
}
}
```

2．实现组件联动功能

在开发考勤功能时，实现了部门和员工组件之间的联动功能，如果用户直接单击"考勤员工"下拉列表框，在下拉列表框中将显示所有员工，如图22.22所示，这是因为在初始化"考勤员工"下拉列表框时，添加的是所有员工。

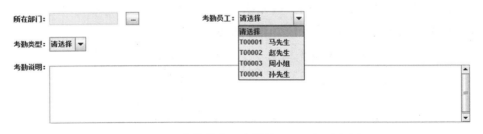

图22.22　直接单击"考勤员工"下拉列表框

关键代码如下：

```
personnalComboBox = new JComboBox();              //创建下拉列表框对象
personnalComboBox.addItem("请选择");              //添加提示项
```

```
Iterator recordIt = dao.queryRecord().iterator();                    //检索所有员工
while (recordIt.hasNext()) {                                         //通过循环添加到下拉列表框中
    TbRecord record = (TbRecord) recordIt.next();
    personnalComboBox.addItem(record.getRecordNumber() + "    "+ record.getName());
}
```

当用户选中考勤员工后,在"所在部门"文本框将自动填入选中员工所在的部门,实现这一功能是通过捕获下拉列表框选项状态发生改变的事件。关键代码如下:

```
// 捕获下拉列表框的选项状态发生改变的事件
personnalComboBox.addItemListener(new ItemListener() {
    public void itemStateChanged(ItemEvent e) {
        if (e.getStateChange() == ItemEvent.SELECTED) {              //查看是否由选中当前项触发的
            String selectedItem = (String) e.getItem();              //获得选中项的内容
            // 当选中项为"请选择"时,设置部门文本框为空
            if (selectedItem.equals("请选择")) {
                inDeptTextField.setText(null);
            } else {// 否则设置部门文本框为选中员工所在的部门
                TbRecord record = (TbRecord) dao
                    .queryRecordByNum(selectedItem.substring(0, 6));
                inDeptTextField.setText(record.getTbDutyInfo().getTbDept().getName());
            }
        }
    }
});
```

> **说明**
>
> 在上面的代码中,itemStateChanged 事件在下拉列表框的选中项发生改变时被触发。getStateChange()方法返回一个 int 型值,当返回值等于静态常量 ItemEvent.DESELECTED 时,表示此次事件是由取消原选中项触发的;当返回值等于静态常量 ItemEvent.SELECTED 时,表示此次事件是由选中当前项触发的。getItem()方法可以获得触发此次事件的选项的内容。

如果用户先选中考勤员工所在的部门,例如选中"经理办公室",再单击"考勤员工"下拉列表框,在下拉列表框中将显示选中部门的所有员工,如图 22.23 所示。

图 22.23 选中部门后再单击"考勤员工"下拉列表框

这是因为在捕获按钮事件弹出部门选取对话框时,根据用户选取的部门对"考勤员工"下拉列表框进行了处理。关键代码如下:

```
final JButton inDeptTreeButton = new JButton();                      // 创建按钮对象
inDeptTreeButton.setMargin(new Insets(0, 6, 0, 3));
```

```java
inDeptTreeButton.addActionListener(new ActionListener() {        // 捕获按钮事件
    public void actionPerformed(ActionEvent e) {
        DeptTreeDialog deptTree = new DeptTreeDialog(
            inDeptTextField);                                    // 创建部门选取对话框
        deptTree.setBounds(375, 317, 101, 175);                  // 设置部门选取对话框的显示位置
        deptTree.setVisible(true);                               // 显示部门选取对话框
        TbDept dept = (TbDept) dao
            .queryDeptByName(inDeptTextField.getText());         // 检索选中的部门对象
        personnalComboBox.removeAllItems();                      // 清空"考勤员工"下拉列表框中的所有选项
        personnalComboBox.addItem("请选择");                      // 添加提示项
        // 通过 Hibernate 的一对多关联获得与该部门关联的职务信息对象
        Iterator dutyInfoIt = dept.getTbDutyInfos().iterator();
        while (dutyInfoIt.hasNext()) {                           // 遍历职务信息对象
            // 获得职务信息对象
            TbDutyInfo dutyInfo = (TbDutyInfo) dutyInfoIt.next();
            // 通过 Hibernate 的一对一关联获得与职务信息对象关联的档案信息对象
            TbRecord tbRecord = dutyInfo.getTbRecord();
            personnalComboBox.addItem(tbRecord.getRecordNumber()
                + "   " + tbRecord.getName());                   // 将该员工添加到"考勤员工"下拉列表框中
        }
    }
});
inDeptTreeButton.setText("...");
```

3．通过 Java 反射验证数据是否为空

在添加培训记录时，所有的培训信息均不允许为空，并且都是通过文本框接收用户输入信息的，在这种情况下可以通过 Java 反射验证数据是否为空，当为空时弹出提示信息，并令为空的文本框获得焦点。关键代码如下：

```java
// 通过 Java 反射机制获得类中的所有属性
Field[] fields = BringUpOperatePanel.class.getDeclaredFields();
for (int i = 0; i < fields.length; i++) {                        // 遍历属性数组
    Field field = fields[i];                                     // 获得属性
    if (field.getType().equals(JTextField.class)) {              // 只验证 JTextField 类型的属性
        field.setAccessible(true);                               // 默认情况下不允许访问私有属性，如果设为 true 则允许访问
        JTextField textField = null;
        try {
            textField = (JTextField) field
                .get(BringUpOperatePanel.this);                  // 获得本类中的对应属性
        } catch (Exception e) {
            e.printStackTrace();
        }
        if (textField.getText().equals("")) {                    // 查看该属性是否为空
            String infos[] = { "请将培训信息填写完整！", "所有信息均不允许为空！" };
            JOptionPane.showMessageDialog(null, infos, "友情提示",  // 弹出提示信息
```

```
                JOptionPane.INFORMATION_MESSAGE);
            textField.requestFocus();                                      // 令为空的文本框获得焦点
            return;
        }
    }
}
```

> **说明**
> 在上面的代码中,getDeclaredFields()方法返回一个 Field 型数组,在数组中包含调用类的所有属性,包括公共、保护、默认(包)访问和私有字段,但不包括继承的字段。getType()方法返回一个 Class 对象,它标识了此属性的声明类型。BringUpOperatePanel.this 代表本类。

22.8 待遇管理模块设计

待遇管理功能是企业人事管理系统的主要功能之一,该功能需要建立在人事管理功能的基础上,例如人事管理中的考勤管理和奖惩管理在待遇管理中将用到。

22.8.1 待遇管理模块功能概述

待遇管理模块包含账套管理、人员设置和统计报表 3 个子模块。

账套管理模块用来建立和维护账套信息,包括建立、修改和删除账套,以及为账套添加项目和修改金额,或者从账套中删除项目。首先需要建立一个账套,"新建账套"对话框如图 22.24 所示,其中账套说明用来详细介绍该账套的适用范围。

然后为新建的账套添加项目,"添加项目"对话框如图 22.25 所示,选中要添加的项目后单击"添加"按钮。

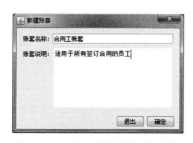

图 22.24 "新建账套"对话框

图 22.25 "添加项目"对话框

最后修改新添加项目的金额,"修改金额"对话框如图 22.26 所示,输入项目金额后单击"确定"按钮。

图 22.26 "修改金额"对话框

人员设置模块用来设置每个账套具体适合的人员，在这里将用到 22.6.5 节实现的通过部门树选取员工的对话框。

统计报表模块用来生成员工待遇统计报表，可以生成月报表、季度报表、半年报表和年度报表，如图 22.27 所示。当生成月报表时，可以选择统计的年和月份；当生成季度报表时，可以选择统计的年和季度；当生成半年报表时，可以选择统计的年以及上半年或下半年；当生成年度报表时，则只需要选择统计的年。

图 22.27 生成统计报表的种类

22.8.2 待遇管理模块技术分析

在实现修改账套项目金额的功能时，通常情况下是通过 JDialog 对话框实现，但是因为只需要接收一条修改金额的信息，所以在这里也可以通过 JOptionPane 提示框实现，这样在实现功能的前提下可以少创建一个类，提高了代码的可读性。

在开发应用程序时，充分使用提示对话框也是一个不错的选择，既可以帮助用户使用系统，又可以保证系统的安全运行。

22.8.3 待遇管理模块的实现过程

在开发账套管理模块时，首先需要建立一个账套，通过弹出对话框获得账套名称和账套说明，将新建的账套添加到左侧的账套表格中，并设置为选中行，还要同步刷新右侧的账套项目表格。关键代码如下：

```
final JButton addSetButton = new JButton();
addSetButton.addActionListener(new ActionListener() {
    public void actionPerformed(ActionEvent e) {
        if (needSaveRow == -1) {                            // 没有需要保存的账套
            CreateCriterionSetDialog createCriterionSet = new CreateCriterionSetDialog();
            createCriterionSet.setBounds((width - 350) / 2, (height - 250) / 2, 350, 250);
            createCriterionSet.setVisible(true);            // 弹出新建账套对话框
            if (createCriterionSet.isSubmit()) {            // 单击"确定"按钮
                String name = createCriterionSet.getNameTextField().getText(); // 获得名称
                String explain = createCriterionSet
                    .getExplainTextArea().getText();        // 获得账套说明
```

```java
        needSaveRow = leftTableValueV.size();          // 将新建账套设置为需要保存的账套
        // 创建代表账套表格行的向量对象
        Vector<String> newCriterionSetV = new Vector<String>();
        newCriterionSetV.add(needSaveRow + 1 + "");    // 添加账套序号
        newCriterionSetV.add(name);                    // 添加账套名称
        leftTableModel.addRow(newCriterionSetV);       // 将向量对象添加到左侧的账套表格
        // 设置新建账套为选中行
        leftTable.setRowSelectionInterval(needSaveRow, needSaveRow);
        textArea.setText(explain);                     // 设置账套说明
        TbReckoning reckoning = new TbReckoning();     // 创建账套对象
        reckoning.setName(name);                       // 设置账套名称
        reckoning.setExplain(explain);                 // 设置账套说明
        reckoningV.add(reckoning);                     // 将账套对象添加到向量中
        refreshItemAllRowValueV(needSaveRow);          // 同步刷新右侧的账套项目表格
      }
    } else {     // 有需要保存的账套,弹出提示保存对话框
      JOptionPane.showMessageDialog(null, "请先保存账套: "
          + leftTable.getValueAt(needSaveRow, 1), "友情提示",
          JOptionPane.INFORMATION_MESSAGE);
    }
  }
});
addSetButton.setText("新建账套");
```

然后为新建的账套添加项目,通过弹出对话框获得用户添加的项目,因为需要通过弹出对话框中的表格对象获得选中项目的信息,所以在完成添加项目之前不能销毁添加项目的对话框对象,而是将其设置为不可见的,添加完成后才能销毁,并且需要判断新添加项目在账套中是否已经存在。关键代码如下:

```java
public void addItem(int leftSelectedRow) {
  AddAccountItemDialog addAccountItemDialog = new AddAccountItemDialog();
  addAccountItemDialog.setBounds((width - 500) / 2, (height - 375) / 2, 500, 375);
  addAccountItemDialog.setVisible(true);                  // 弹出添加项目对话框
  JTable itemTable = addAccountItemDialog.getTable();     // 获得对话框中的表格对象
  int[] selectedRows = itemTable.getSelectedRows();       // 获得选中行的索引
  if (selectedRows.length > 0) {                          // 有新添加的项目
    needSaveRow = leftSelectedRow;                        // 设置当前账套为需要保存的账套
    // 将选中行设置为新添加项目的第一行
    int defaultSelectedRow = rightTable.getRowCount();
    TbReckoning reckoning = reckoningV.get(leftSelectedRow);  // 获得选中账套的对象
    for (int i = 0; i < selectedRows.length; i++) {       // 通过循环向账套中添加项目
      String name = itemTable.getValueAt(selectedRows[i], 1)
          .toString();                                    // 获得项目名称
      String unit = itemTable.getValueAt(selectedRows[i], 2)
          .toString();                                    // 获得项目单位
```

```java
            Iterator<TbReckoningInfo> reckoningInfoIt = reckoning
                .getTbReckoningInfos().iterator();              // 遍历账套中的现有项目
            boolean had = false;                                 // 默认在现有项目中不包含新添加的项目
            while (reckoningInfoIt.hasNext()) {                  // 通过循环查找是否存在
                TbAccountItem accountItem = reckoningInfoIt.next()
                    .getTbAccountItem();                         // 获得已有的项目对象
                if (accountItem.getName().equals(name)
                    && accountItem.getUnit().equals(unit)) {
                    had = true;                                  // 存在
                    break;                                       // 跳出循环
                }
            }
            if (!had) {                                          // 如果没有则添加
                // 创建账套信息对象
                TbReckoningInfo reckoningInfo = new TbReckoningInfo();
                TbAccountItem accountItem = (TbAccountItem) dao
                    .queryAccountItemByNameUnit(name, unit);     // 获得账套项目对象
                // 建立从账套项目对象到账套信息对象的关联
                accountItem.getTbReckoningInfos().add(reckoningInfo);
                // 建立从账套信息对象到账套项目对象的关联
                reckoningInfo.setTbAccountItem(accountItem);
                reckoningInfo.setMoney(0);                       // 设置项目金额为 0
                // 建立从账套信息对象到账套对象的关联
                reckoningInfo.setTbReckoning(reckoning);
                // 建立从账套对象到账套信息对象的关联
                reckoning.getTbReckoningInfos().add(reckoningInfo);
            }
        }
        refreshItemAllRowValueV(leftSelectedRow);                // 同步刷新右侧的账套项目表格
        rightTable.setRowSelectionInterval(defaultSelectedRow,
            defaultSelectedRow);                                 // 设置新添加项目的第一行为选中行
        addAccountItemDialog.dispose();                          // 销毁添加项目对话框
    }
}
```

下面为添加的项目修改金额，否则是不允许保存的，因为默认项目金额为 0，这是没有意义的。这里是通过 JOptionPane 提示框获得修改后的金额，之后还要判断用户输入的金额是否符合要求，首要条件是数字，这里还要求必须为 1～999 999 的整数。关键代码如下：

```java
public void updateItemMoney(int leftSelectedRow, int rightSelectedRow) {
    String money = null;
    done: while (true) {
        money = JOptionPane.showInputDialog(null, "请填写"
            + rightTable.getValueAt(rightSelectedRow, 1) + "的"
            + rightTable.getValueAt(rightSelectedRow, 3).toString().trim() + "金额：",
            "修改金额", JOptionPane.INFORMATION_MESSAGE);
```

```java
        if (money == null) {                                    // 用户单击"取消"按钮
            break done;                                          // 取消修改
        } else {                                                 // 用户单击"确定"按钮
            if (money.equals("")) {                              // 未输入金额，弹出提示对话框
                JOptionPane.showMessageDialog(null, "请输入金额！", "友情提示",
                    JOptionPane.INFORMATION_MESSAGE);
            } else {                                             // 输入了金额
                // 金额必须在 1～999999
                Pattern pattern = Pattern.compile("[1-9][0-9]{0,5}");
                // 通过正则表达式判断是否符合要求
                Matcher matcher = pattern.matcher(money);
                if (matcher.matches()) {                         // 符合要求
                    needSaveRow = leftSelectedRow;               // 设置当前账套为需要保存的账套
                    rightTable.setValueAt(money, rightSelectedRow, 4);   // 修改项目金额
                    int nextSelectedRow = rightSelectedRow + 1;  // 默认存在下一行
                    if (nextSelectedRow < rightTable.getRowCount()) {    // 存在下一行
                        rightTable.setRowSelectionInterval(nextSelectedRow,
                            nextSelectedRow);
                    }
                    // 获得项目名称
                    String name = rightTable.getValueAt(rightSelectedRow, 1).toString();
                    // 获得项目单位
                    String unit = rightTable.getValueAt(rightSelectedRow, 2).toString();
                    // 获得选中账套的对象
                    TbReckoning reckoning = reckoningV.get(leftSelectedRow);
                    Iterator reckoningInfoIt = reckoning
                        .getTbReckoningInfos().iterator();       // 遍历项目
                    while (reckoningInfoIt.hasNext()) {          // 通过循环查找选中项目
                        TbReckoningInfo reckoningInfo = (TbReckoningInfo) reckoningInfoIt
                            .next();
                        TbAccountItem accountItem = reckoningInfo
                            .getTbAccountItem();
                        if (accountItem.getName().equals(name)
                            && accountItem.getUnit().equals(unit)) {
                            reckoningInfo.setMoney(new Integer(money));  // 修改金额
                            break;                               // 跳出循环
                        }
                    }
                    break done;                                  // 修改完成
                } else {                                         // 不符合要求，弹出提示对话框
                    String infos[] = { "金额输入错误，请重新输入！",
                        "金额必须为 0～999999 的整数！" };
                    JOptionPane.showMessageDialog(null, infos, "友情提示",
                        JOptionPane.INFORMATION_MESSAGE);
```

> **说明**
>
> 在上面的代码中，showMessageDialog 方法用来弹出提示某些消息的提示框，消息的类型可以为错误（ERROR_MESSAGE）、消息（INFORMATION_MESSAGE）、警告（WARNING_MESSAGE）、问题（QUESTION_MESSAGE）或普通（PLAIN_MESSAGE）。

最后开发统计报表，首先判断报表类型，然后根据报表类型组织报表的起止时间。下面是生成季度报表的代码：

```java
String quarter = quarterComboBox.getSelectedItem().toString();    // 获得报表季度
if (quarter.equals("第一")) {
    reportForms(year + "-1-1", year + "-3-31");                   // 生成报表
} else if (quarter.equals("第二")) {
    reportForms(year + "-4-1", year + "-6-30");                   // 生成报表
} else if (quarter.equals("第三")) {
    reportForms(year + "-7-1", year + "-9-30");                   // 生成报表
} else {                                                           // 第四季度
    reportForms(year + "-10-1", year + "-12-31");                 // 生成报表
}
```

下面的代码负责在生成报表时向表格中添加员工的关键信息，初始实发金额为 0 元。

```java
TbRecord record = (TbRecord) dutyInfo.getTbRecord();
Vector recordV = new Vector();                              // 创建与档案对象对应的向量
recordV.add(num++);                                         // 添加序号
recordV.add(record.getRecordNumber());                      // 添加档案编号
recordV.add(record.getName());                              // 添加姓名
recordV.add(record.getSex());                               // 添加性别
recordV.add(dutyInfo.getTbDept().getName());                // 添加部门
recordV.add(dutyInfo.getTbDuty().getName());                // 添加职务
int salary = 0;                                             // 初始实发金额为 0
```

下面的代码负责在生成报表时计算员工的奖惩金额，通过 Hibernate 的关联得到的是员工的所有奖惩，需要通过集合过滤功能进行过滤，才能检索符合条件的奖惩信息。关键代码如下：

```java
Set rewAndPuns = record.getTbRewardsAndPunishmentsForRecordId();
String types[] = new String[] { "奖励", "惩罚" };
for (int i = 0; i < types.length; i++) {
    String filterHql = "where this.type='"+ types[i]
        + "' and ( ( startDate between to_date('"
        + reportStartDateStr+ "','yyyy-mm-dd') and to_date('"
        + reprotEndDateStr+ "','yyyy-mm-dd') or endDate between to_date('"
        + reportStartDateStr+ "','yyyy-mm-dd') and to_date('"
        + reprotEndDateStr+ "','yyyy-mm-dd') ) or ( to_date('"
        + reportStartDateStr
        + "','yyyy-mm-dd') between startDate and endDate and to_date('"
        + reprotEndDateStr+ "','yyyy-mm-dd') between startDate and endDate ) )";
```

```
System.out.println(filterHql);
List list = dao.filterSet(rewAndPuns, filterHql);            // 过滤奖惩记录
if (list.size() > 0) {                                        // 存在奖惩
  column += 1;                                                // 列索引加 1
  int money = 0;                                              // 初始奖惩金额为 0
  for (Iterator it = list.iterator(); it.hasNext();) {
    TbRewardsAndPunishment rewAndPun = (TbRewardsAndPunishment) it.next();
    money += rewAndPun.getMoney();                            // 累加奖惩金额
  }
  recordV.add(money);                                         // 添加奖惩金额
  if (i == 0)                                                 // 奖励
    salary += money;                                          // 计算实发金额
  else                                                        // 惩罚
    salary -= money;                                          // 计算实发金额
} else {
  recordV.add("—");                                           // 没有奖励或惩罚
}
}
recordV.add(salary);
```

22.9 系统维护模块设计

系统维护模块用来维护系统的基本信息，例如企业架构信息和常用的职务种类、用工形式等信息，另外在该模块还提供了对系统进行初始化的功能。

22.9.1 系统维护模块功能概述

系统维护模块包含企业架构、基本资料和初始化系统 3 个子模块。

企业架构模块用来维护企业的组织结构信息，包括修改公司及部门的名称，添加或删除部门。企业架构主界面效果如图 22.28 所示。

图 22.28 企业架构主界面

可以选中公司或部门后单击"修改名称"按钮，修改公司或部门的名称。如果修改的是公司名称，将弹出图 22.29 所示的提示框；如果修改的是部门名称，将弹出图 22.30 所示的提示框。

图 22.29　修改公司名称

图 22.30　修改部门名称

也可以为公司或部门添加子部门。如果是在公司下添加子部门，则选中公司节点；如果是在公司所属部门下添加子部门，则选中所属部门，然后单击"添加子部门"按钮，将弹出图 22.31 所示的提示框，在二级部门下不能再包含子部门，如果试图在该级部门下建立子部门，将弹出图 22.32 所示的提示框。

图 22.31　为公司或一级部门添加子部门

图 22.32　不允许在二级部门下添加子部门

还可以选中部门节点后单击"删除该部门"按钮删除选中的部门，在删除之前将弹出图 22.33 所示的提示框。需要注意的是，公司节点不允许删除，如果试图删除公司，将弹出图 22.34 所示的提示框。

图 22.33　询问是否删除部门

图 22.34　提示公司不允许删除

基本资料模块用来维护系统中的基本信息，例如职务种类、用工形式、账套项目等，如图 22.35 所示。

图 22.35　维护基本资料界面

初始化系统模块用来对系统进行初始化，用户在使用系统之前，或者是想清空系统中的数据，可以通过该功能实现。不过在对系统进行初始化之前，一定要弹出一个图 22.36 所示的提示框询问是否初始化，这样会增加系统的安全性，因为可能是用户不小心点到的。初始化完成后，将弹出图 22.37 所示的提示框，该提示框的内容为本系统的使用步骤。

图 22.36　询问是否初始化系统

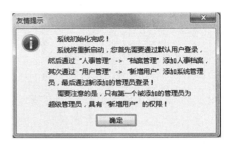

图 22.37　初始化完成后弹出的提示框

22.9.2　系统维护模块技术分析

维护企业架构是该模块的技术难点。因为企业架构是一个树状结构，所以需要通过 Swing 中的 JTree 组件完成。对企业架构的维护主要包括修改公司或部门的名称、设立新部门或取消现有部门，这对于 JTree 组件，就是修改节点名称、添加新节点或删除现有节点。为了实现上述对树节点的操作，还需要一些其他的操作 JTree 组件的知识，例如如何获得选中树节点的路径，如何获得选中树节点的对象，如何展开指定的树节点等。

22.9.3　系统维护模块实现过程

维护企业架构是该模块的技术难点，所以在这里只介绍企业架构模块的实现过程。

首先实现修改名称的功能，分为修改公司名称和修改部门名称。在修改公司名称之前弹出提示询问是否真的修改，在修改部门名称时则不询问，直接弹出消息框供用户输入新名称。修改时需要分两步实现：第一步是修改系统界面的企业架构树；第二步是修改持久化对象，并持久化到数据库中。具体代码如下：

```
final JButton updateButton = new JButton();
updateButton.addActionListener(new ActionListener() {
    public void actionPerformed(ActionEvent e) {
        TreePath selectionPath = tree.getSelectionPath();
        TbDept selected = null;
        String newName = null;
        if (selectionPath.getPathCount() == 1) {                    //修改公司名称
            int i = JOptionPane.showConfirmDialog(null, "确定要修改贵公司的名称？",
                    "友情提示", JOptionPane.YES_NO_OPTION);    //弹出提示框
            if (i == 0) {                                            //修改（单击"是"按钮）
                String infos[] = { "请输入贵公司的新名称：","修改公司名称","请输入贵公司的新名称！" };
                newName = getName(infos);                            //获得修改后的名称
                if (newName != null)
                    selected = company;                              //修改的为公司名称
            }
```

```java
            } else {                                              //修改部门名称
                String infos[] = { "请输入部门的新名称：", "修改部门名称","请输入部门的新名称！" };
                newName = getName(infos);                         //获得修改后的名称
                if (newName != null) {
                    selected = company;                           //选中部门的所属部门
                    Object[] paths = selectionPath.getPath();     //选中部门节点的路径对象
                    for (int i = 1; i < paths.length; i++) {      //遍历选中节点路径
                        Iterator deptIt = selected.getTbDepts().iterator();
                        finded: while (deptIt.hasNext()) {        //通过循环查找选中节点路径对应的部门
                            TbDept dept = (TbDept) deptIt.next();
                            if (dept.getName().equals(paths[i].toString())) {
                                selected = dept;                  //找到选中节点路径对应的部门
                                break finded;                     //跳出到指定位置
                            }
                        }
                    }
                }
            }
            if (selected != null) {
                DefaultMutableTreeNode treeNode = (DefaultMutableTreeNode) selectionPath
                        .getLastPathComponent();                  //获得选中节点对象
                treeNode.setUserObject(newName);                  //修改节点名称
                treeModel.reload();                               //刷新树结构
                tree.setSelectionPath(selectionPath);             //设置节点为选中状态
                selected.setName(newName);                        //修改部门对象
                dao.updateObject(company);                        //将修改持久化到数据库
                HibernateSessionFactory.closeSession();           //关闭数据库连接
            }
        }
    });
    updateButton.setText("修改名称");
```

> **说明**
> 在面的代码中，getSelectionPath()方法可以获得选中节点的路径对象，通过该对象可以获得选中节点的相关信息，例如选中节点对象、选中节点级别等。getPathCount()方法可以获得选中节点的级别：当返回值为 1 时，代表选中的为树的根节点；为 2 时则代表选中的是树的直属子节点。getPath()方法可以获得选中节点路径包含的节点对象，返回值为 Object 型的数组。

然后实现添加部门的功能。只允许在公司及其直属部门下添加部门，在获得用户输入的要添加部门的名称之后，需要判断在其所属部门中是否存在该部门，如果存在则弹出提示，否则添加到系统界面的企业架构树中，并持久化到数据库。具体代码如下：

```java
final JButton addButton = new JButton();
```

```java
addButton.addActionListener(new ActionListener() {
    public void actionPerformed(ActionEvent e) {
        TreePath selectionPath = tree.getSelectionPath();
        int pathCount = selectionPath.getPathCount();             //获得选中节点的级别
        had: if (pathCount == 3) {                                //选中的为 3 级节点
            JOptionPane.showMessageDialog(null, "很抱歉,在该级部门下不能再包含子部门!",
                    "友情提示", JOptionPane.WARNING_MESSAGE);
        } else {                                                  //选中的为 1 级或 2 级节点
            String infos[] = { "请输入部门名称: ", "添加新部门", "请输入部门名称!" };
            String newName = getName(infos);                      //获得新部门的名称
            if (newName != null) {                                //创建新部门
                DefaultMutableTreeNode parentNode = (DefaultMutableTreeNode) selectionPath
                        .getLastPathComponent();                  //获得选中部门节点对象
                int childCount = parentNode.getChildCount();      //获得该部门包含子部门的个数
                for (int i = 0; i < childCount; i++) {            //查看新创建的部门是否已经存在
                    TreeNode childNode = parentNode.getChildAt(i);
                    if (childNode.toString().equals(newName)) {
                        JOptionPane.showMessageDialog(null, "该部门已经存在!",
                                "友情提示", JOptionPane.WARNING_MESSAGE);
                        break had;                                //已经存在,跳出到指定位置
                    }
                }
                DefaultMutableTreeNode childNode = new DefaultMutableTreeNode(newName);
                                                                  //创建部门节点
                treeModel.insertNodeInto(childNode, parentNode, childCount);
                                                                  //插入新部门到选中部门的最后
                tree.expandPath(selectionPath);                   //展开指定路径中的尾节点
                TbDept selected = company;                        //默认选中的为 1 级节点
                if (pathCount == 2) {                             //选中的为 2 级节点
                    String selectedName = selectionPath.getPath()[1].toString();  //获得选中节点的名称
                    Iterator deptIt = company.getTbDepts().iterator();    //创建公司直属部门的迭代器对象
                    finded: while (deptIt.hasNext()) {            //遍历公司的直属部门
                        TbDept dept = (TbDept) deptIt.next();
                        if (dept.getName().equals(selectedName)) {    //查找与选中节点对应的部门
                            selected = dept;                      //设置为选中部门
                            break finded;                         //跳出循环
                        }
                    }
                }
                TbDept sonDept = new TbDept();                    //创建新部门对象
                sonDept.setName(newName);                         //设置部门名称
                sonDept.setTbDept(selected);                      //建立从新部门到所属部门的关联
                selected.getTbDepts().add(sonDept);               //建立从所属部门到新部门的关联
                dao.updateObject(company);                        //将新部门持久化到数据库
                HibernateSessionFactory.closeSession();           //关闭数据库连接
            }
```

```
            }
        }
});
addButton.setText("添加子部门");
```

> **说明**
>
> 在上面的代码中，getChildCount()方法可以获得包含子节点的个数。getChildAt(int childIndex) 方法用来获得指定索引位置的子节点，索引从 0 开始。insertNodeInto(MutableTreeNode newChild, MutableTreeNode parent, int index)方法用来将新创建的子节点 newChild 插入到父节点 parent 中索引为 index 的位置。

最后实现删除现有部门的功能。公司节点不允许删除，如果试图删除公司节点，将弹出不允许删除的提示，在删除部门之前也将弹出提示框询问是否确定删除，如果确定删除，则从系统界面的企业架构树中删除选中部门，并持久化到数据库中。具体代码如下：

```
final JButton delButton = new JButton();
delButton.addActionListener(new ActionListener() {
    public void actionPerformed(ActionEvent e) {
        TreePath selectionPath = tree.getSelectionPath();
        int pathCount = selectionPath.getPathCount();                //获得选中节点的级别
        if (pathCount == 1) {                                        //选中的为 1 级节点，即公司节点
            JOptionPane.showMessageDialog(null, "公司节点不能删除！ ","友情提示",
                    JOptionPane.WARNING_MESSAGE);
        } else {                                                     //选中的为 2 级或 3 级节点，即部门节点
            DefaultMutableTreeNode treeNode = (DefaultMutableTreeNode) selectionPath
                    .getLastPathComponent();                         //获得选中部门节点对象
            int i = JOptionPane.showConfirmDialog(null, "确定要删除该部门："
                    + treeNode, "友情提示", JOptionPane.YES_NO_OPTION);
            if (i == 0) {                                            //删除
                treeModel.removeNodeFromParent(treeNode);            //删除选中节点
                tree.setSelectionRow(0);                             //选中根（公司）节点
                TbDept selected = company;                           //选中部门的所属部门
                Object[] paths = selectionPath.getPath();            //选中部门节点的路径对象
                int lastIndex = paths.length - 1;                    //获得最大索引
                for (int j = 1; j <= lastIndex; j++) {               //遍历选中节点路径
                    Iterator deptIt = selected.getTbDepts().iterator();
                    finded: while (deptIt.hasNext()) {               //通过循环查找选中节点路径对应的部门
                        TbDept dept = (TbDept) deptIt.next();
                        if (dept.getName().equals(paths[j].toString())) {
                            if (j == lastIndex)                      //为选中节点
                                selected.getTbDepts().remove(dept);  //删除选中部门
                            else                                     //为所属节点
                                selected = dept;
                            break finded;                            //跳出到指定位置
```

```
                    }
                }
            }
            dao.updateObject(company);              //同步删除数据库
            HibernateSessionFactory.closeSession();  //关闭数据库连接
        }
    }
});
delButton.setText("删除该部门");
```

> **说明**
>
> 在上面的代码中，removeNodeFromParent(MutableTreeNode node)方法用来从树模型中移除指定节点。setSelectionRow(int row)方法用来设置选中的行，树的根节点为第 0 行。例如，A 为树的根节点，a1 和 a2 为 A 的子节点，s 为 a1 的子节点，如果 a1 节点处于合并状态，则 a2 为第 2 行；如果 a1 节点处于展开状态，则 a2 为第 3 行。

22.10　小　　结

　　本章严格按照软件工程的实施流程，通过一个典型的企业人事管理系统，为读者详细讲解了软件的开发流程。通过本章的学习，读者可以了解到 Java+Oracle 开发应用程序的流程；企业人事管理系统的软件结构、业务流程和开发过程。在开发过程中要重点掌握 Swing 中表格行选取事件的使用方法、选取并显示图片的方法、页面中组件联动功能的实现方法、对树结构的使用和维护、在程序中调用其他工具软件的方法，以及如何利用现有组件开发一些简单实用的功能模块。另外，还应掌握 Hibernate 持久层技术的使用方法。

第 23 章 VC++ + Oracle 实现超市进销存管理系统

超市进销存管理系统是典型的信息管理系统,其开发主要包括后台数据库的建立和维护以及前台销售应用程序两个方面。对于后台数据维护关联部分要求建立起一个数据一致性和完整性强、数据安全性好的数据库。而对于前台销售部分则要求应用程序功能完备以及操作相对简便等。

学习摘要:
- ☑ 如何在 Oracle 数据库中创建表
- ☑ 如何使用程序向 Oracle 数据库插入数据
- ☑ 如何使用程序在 Oracle 数据库中修改和删除数据
- ☑ 如何在 Oracle 数据库中进行查询
- ☑ 如何在基于对话框的程序中进行打印

23.1 开发背景

随着社会经济的发展,人们的工作越来越忙碌,为了节省时间,人们已经习惯到超市采购日常的生活用品,在节省时间的同时也促进了超市的发展。而超市为了能够吸引更多的消费者,应该引进更多的商品,并且要完善商品的管理。开发超市进销存管理系统不但可以简化超市的日常管理,并且可以减少员工的工作量,在提高效率的同时压缩了成本,是超市必不可少的管理工具。

23.2 系统分析

在超市的经营中,离不开进货、销售和存储等 3 方面,而如何能将这 3 方面都管理好就成了首要问题。在过去,通常是通过大量的人力来保证管理的正常运作,但当员工进行交接时就容易出错,而且由于参与管理的人相对较多,出现问题很难分清责任。为了解决这个问题,超市都开始使用超市进销存管理系统,根据需要,超市进销存管理系统应该具有以下功能:
- ☑ 前台销售结账。
- ☑ 基本信息管理。

- ☑ 基本信息查询。
- ☑ 日结查询。
- ☑ 超市小票打印。

23.3 系统设计

23.3.1 系统目标

对于超市进销存管理系统这样的数据库管理系统，必须具有存储数据量大，满足使用方便、操作灵活和安全性好等设计需求。本系统在设计时应该满足以下几个目标：

- ☑ 采用人机对话的操作方式，界面设计美观友好、操作灵活、方便、快捷、准确、数据存储安全可靠。
- ☑ 系统可以进行大量数据的存储和操作。
- ☑ 提供基本信息查询功能，查询员工和库存等信息。
- ☑ 提供结算查询功能，查询每天的销售额。
- ☑ 在销售时提供超市小票打印功能。
- ☑ 系统最大限度地实现易维护性和易操作性。
- ☑ 系统运行稳定、安全可靠。

23.3.2 系统功能结构

超市进销存管理系统功能结构图如图 23.1 所示。

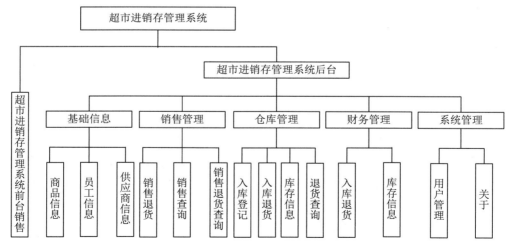

图 23.1 超市进销存管理系统功能结构

23.3.3 系统预览

超市进销存管理系统由多个功能模块组成,下面仅列出几个典型的功能模块,其他模块可参见资源包中的源程序。

超市进销存管理系统的后台登录模块如图 23.2 所示,该模块用于管理员登录系统;超市进销存管理系统后台主窗口如图 23.3 所示,后台主窗口用于进行相关的操作。

图 23.2　后台登录模块

图 23.3　后台主窗口

供应商信息模块如图 23.4 所示,该模块用于将供应商信息添加到数据库中;日结查询模块如图 23.5所示,该模块用于查询当日的销售情况。

图 23.4　供应商信息模块

图 23.5　日结查询模块

23.3.4　业务流程图

超市进销存管理系统的业务流程如图 23.6 所示。

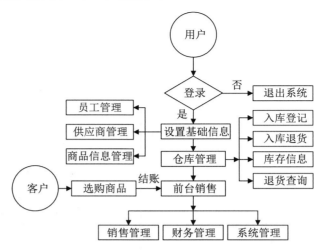

图 23.6　超市进销存管理系统的业务流程

23.3.5　数据库设计

1．数据库分析

超市进销存管理系统需求包括对商品信息、供应商信息、员工信息、销售信息、退货信息和库存信息的管理，这些信息都保存在数据库中，管理员可以通过修改数据库中的数据来对这些信息进行管理。在数据库中存储了 9 张数据表，用于存储相关信息，如图 23.7 所示。

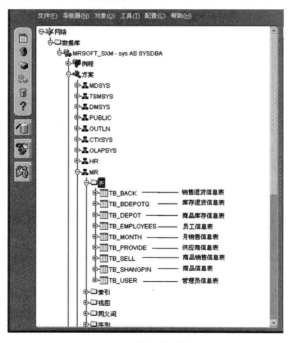

图 23.7　数据库中的表

2．数据库概念设计

根据前面介绍的需求分析和系统设计规划出本系统中使用的数据库实体对象，分别为管理员实体、商品实体、供应商实体、员工实体、库存实体和销售实体等。下面将给出几个关键实体的 E-R 图。

☑ 管理员实体

管理员实体包括管理员名称、管理员密码和管理员权限。管理员实体 E-R 图如图 23.8 所示。

☑ 商品实体

商品实体包括商品编号、商品名称、商品简码、商品类别、商品单位、条形码、进货价格和销售价格。商品实体 E-R 图如图 23.9 所示。

图 23.8　管理员实体 E-R 图

图 23.9　商品实体 E-R 图

☑ 供应商实体

供应商实体包括供应商编号、供应商名称、供应商简称、供应商地址、联系人、供应商电话和供应商传真。供应商实体 E-R 图如图 23.10 所示。

☑ 员工实体

员工实体包括员工编号、员工姓名、员工性别、员工职务和员工薪资。员工实体 E-R 图如图 23.11 所示。

图 23.10　供应商实体 E-R 图　　　　　　图 23.11　员工实体 E-R 图

☑ 库存实体

库存实体包括商品编号、商品名称、商品进价、商品数量、进货时间、供应商编号和供应商名称。库存实体 E-R 图如图 23.12 所示。

☑ 销售实体

销售实体包括销售票号、商品编号、商品名称、商品简码、商品类别、条形码、销售数量、商品单价和销售时间。销售实体 E-R 图如图 23.13 所示。

图 23.12　库存实体 E-R 图　　　　　　图 23.13　销售实体 E-R 图

3．数据库逻辑结构设计

本例使用的是 Oracle 数据库，在安装 Oracle 数据库时会自动创建一个全局数据库供用户使用。根据在数据库概念设计中给出的数据库实体 E-R 图，可以设计数据表结构。在 Oracle 客户端企业管理控制台中，方案是实现管理表、索引和视图等 Oracle 对象的工具，所以在创建表时需要选择该表处在哪个方案中。下面就来介绍一下创建表的步骤。

（1）在 Oracle 数据库"企业管理器"的"管理目标导航器"中将目录逐级展开，在要创建表的方案下会有一个表文件夹，右击该文件夹，在弹出的快捷菜单中选择"创建"命令，如图 23.14 所示。

图 23.14　管理目标导航器

（2）在弹出的"创建表"窗口中的"一般信息"选项卡中输入表名，在"方案"组合框中选择方案名（本例使用的是 MR），在"表空间"组合框中选择表所在的空间（本例使用的是默认表空间），在"表结构编辑区"中设置字段名称、数据类型和大小等信息，如图 23.15 所示。

图 23.15　创建表

（3）单击"创建"按钮，一个数据表就创建成功了。

下面给出超市进销存管理系统数据库中主要表的表结构。

☑　TB_USER（管理员信息表）

管理员信息表用于保存管理员的信息，如图 23.16 所示。

☑　TB_SHANGPIN（商品信息表）

商品信息表用于保存超市所有商品的信息，如图 23.17 所示。

名称	数据类型	大小	小数位	说明
NAME	VARCHAR2	20		管理员名称
PWD	VARCHAR2	20		管理员密码
POPEDOM	VARCHAR2	10		管理员权限

图 23.16　管理员信息表

名称	数据类型	大小	小数位	说明
SPBH	VARCHAR2	20		商品编号
SPMC	VARCHAR2	20		商品名称
SPJM	VARCHAR2	10		商品简码
SPLB	VARCHAR2	20		商品类别
SPDW	VARCHAR2	10		商品单位
TXM	NUMBER	20	0	条形码
JHJG	NUMBER	10	2	进货价格
XSJG	NUMBER	10	2	销售价格

图 23.17　商品信息表

☑　TB_PROVIDE（供应商信息表）

供应商信息表用于保存供应商的信息，如图 23.18 所示。

☑　TB_EMPLOYEES（员工信息表）

员工信息表用于保存员工的相关信息，如图 23.19 所示。

名称	数据类型	大小	小数位	说明
GYSBH	VARCHAR2	20		供应商编号
GYSMC	VARCHAR2	20		供应商名称
GYSJC	VARCHAR2	10		供应商简称
GYSDZ	VARCHAR2	40		供应商地址
LXR	VARCHAR2	10		联系人
GYSDH	VARCHAR2	20		供应商电话
GYSCZ	VARCHAR2	20		供应商传真

图 23.18　供应商信息表

名称	数据类型	大小	小数位	说明
YGBH	VARCHAR2	10		员工编号
YGXM	VARCHAR2	10		员工姓名
YGXB	VARCHAR2	10		员工性别
YGZW	VARCHAR2	10		员工职务
YGXZ	NUMBER	10	0	员工薪资

图 23.19　员工信息表

☑ TB_DEPOT（商品库存信息表）

商品库存信息表用于保存商品库存的信息，如图 23.20 所示。

☑ TB_SELL（商品销售信息表）

商品销售信息表用于保存商品销售情况的详细信息，如图 23.21 所示。

图 23.20　商品库存信息表　　　　　图 23.21　商品销售信息表

23.4　公共模块设计

在使用 ADO 连接数据库时，通常将连接代码封装成一个类，这样在程序的各个模块中都可以使用，可以降低代码的重复使用。本实例将连接数据库的代码封装到了 ADOConn 类中，该类的头文件如下：

```cpp
#if !defined(AFX_ADOCONN_H__5FB9A9B2_8D94_44F7_A2DA_1F37A4F33D10__INCLUDED_)
#define AFX_ADOCONN_H__5FB9A9B2_8D94_44F7_A2DA_1F37A4F33D10__INCLUDED_

#import "C:\Program Files\Common Files\System\ado\msado15.dll" no_namespace\
 rename("EOF","adoEOF")rename("BOF","adoBOF")               //导入 ADO 动态链接库
#if _MSC_VER > 1000
#pragma once
#endif     // _MSC_VER > 1000

class ADOConn
{
public:
    _ConnectionPtr m_pConnection;                           //连接对象指针
    _RecordsetPtr m_pRecordset;                             //记录集对象指针
public:
    ADOConn();
    virtual ~ADOConn();
    void OnInitADOConn();                                   //连接数据库
    BOOL ExecuteSQL(_bstr_t bstrSQL);                       //执行 SQL 语句
    _RecordsetPtr& GetRecordSet(_bstr_t bstrSQL);           //执行 SQL 查询并返回记录集指针
    void ExitConnect();                                     //关闭记录集并断开数据库连接
};

#endif    //!defined(AFX_ADOCONN_H__5FB9A9B2_8D94_44F7_A2DA_1F37A4F33D10__INCLUDED_)
```

ADOConn 类的源文件如下：

```cpp
void ADOConn::OnInitADOConn()                                           //用于连接数据库
{
    try
    {
        m_pConnection.CreateInstance("ADODB.Connection");               //创建连接对象实例
        char strConnect[]="Provider=MSDAORA.1;Password=sxm;User ID=mr;Data Source=mrsoft_sxm;Persist Security Info=True";
        m_pConnection->Open(strConnect,"","",adModeUnknown);            //打开数据库
    }
    catch(_com_error e)
    {
        AfxMessageBox(e.Description());                                 //弹出错误处理
    }
}
BOOL ADOConn::ExecuteSQL(_bstr_t bstrSQL)                               //用于执行 SQL 语句
{
    try
    {
        if(m_pConnection==NULL)                                         //判断是否已连接数据库
            OnInitADOConn();
        m_pConnection->Execute(bstrSQL,NULL,adCmdText);                 //执行 SQL 语句
        return true;                                                    //返回真值
    }
    catch(_com_error e)
    {
        e.Description();
        return false;                                                   //返回假值
    }
}
void ADOConn::ExitConnect()                                             //用于关闭记录集并断开数据库连接
{
    if(m_pRecordset != NULL)                                            //判断记录集是否打开
        m_pRecordset->Close();                                          //关闭记录集
    m_pConnection->Close();                                             //断开数据库连接
}
_RecordsetPtr& ADOConn::GetRecordSet(_bstr_t bstrSQL)                   //通过 SQL 语句打开记录集
{
    try
    {
        if(m_pConnection==NULL)                                         //判断数据库是否连接
            OnInitADOConn();                                            //连接数据库
        m_pRecordset.CreateInstance(__uuidof(Recordset));               //创建记录集对象实例
        m_pRecordset->Open(bstrSQL,m_pConnection.GetInterfacePtr(),
            adOpenDynamic,adLockOptimistic,adCmdText);                  //打开记录集
    }
    catch(_com_error e)
    {
        e.Description();
```

```
        }
        return m_pRecordset;                                    //返回记录集指针
}
```

23.5 主窗体设计

超市进销存管理系统的主窗体效果如图 23.22 所示。

主窗体设计步骤如下。

（1）启动 Visual C++，选择 File/New 命令，打开 New 对话框。在 New 对话框左方的列表视图中选择 MFC AppWizard（exe）选项，在 Project name 文本框中输入工程名称，在 Location 文本框中设置工程保存的路径，如图 23.23 所示。

图 23.22　超市进销存管理系统的主窗体效果

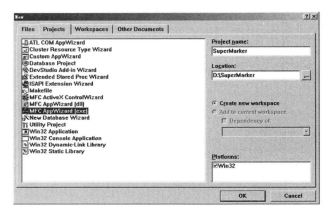

图 23.23　New 对话框

（2）单击 OK 按钮进入 MFC AppWizard-Step1 对话框，选中 Dialog based 单选按钮，如图 23.24 所示。

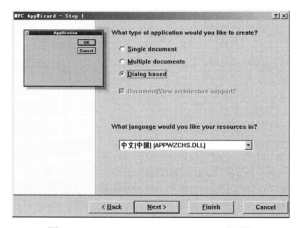

图 23.24　MFC AppWizard-Step1 对话框

第 23 章　VC+++Oracle 实现超市进销存管理系统

（3）单击 Finish 按钮完成工程的创建。

（4）打开主窗口的属性窗口，将主窗口标题设置为"超市进销存管理系统"。

（5）在工作区窗口的 ResourceView 视图中右击，在弹出的快捷菜单中选择 Insert Bitmap 命令插入一个 BMP 图像资源。

（6）向主窗口中添加一个图片控件，按 Enter 键打开图片控件的属性窗口，在 Type 属性中选择 Bitmap 选项，在 Image 属性中选择 IDB_BITMAPSM 选项。

（7）在工作区窗口的 ResourceView 视图中添加一个菜单资源，编辑菜单资源。

（8）在主窗口的头文件中声明工具栏对象和图像列表对象，代码如下：

```
CToolBar m_ToolBar;
CImageList m_ImageList;
```

（9）在主窗口的 OnInitDialog 函数中创建图像列表和工具栏窗口，并用工具栏窗口关联图像列表。代码如下：

```
BOOL CSuperMarketDlg::OnInitDialog()
{
    CDialog::OnInitDialog();
    //…此处代码省略
    //创建图像列表
    m_ImageList.Create(32,32,ILC_COLOR24|ILC_MASK,1,1);
    //向图像列表中添加图标
    m_ImageList.Add(AfxGetApp()->LoadIcon(IDI_ICONSHANGP));
    m_ImageList.Add(AfxGetApp()->LoadIcon(IDI_ICONSELLQ));
    m_ImageList.Add(AfxGetApp()->LoadIcon(IDI_ICONDEPOT));
    m_ImageList.Add(AfxGetApp()->LoadIcon(IDI_ICONNDEPOT));
    m_ImageList.Add(AfxGetApp()->LoadIcon(IDI_ICONDAY));
    m_ImageList.Add(AfxGetApp()->LoadIcon(IDI_ICONUSER));

    UINT array[8];
    for(int i=0;i<8;i++)
    {
        if(i==2 || i==5)
            array[i] = ID_SEPARATOR;                        //第 3、6 个按钮为分隔条
        else
            array[i] = i+1001;                              //为工具栏按钮添加索引
    }
    m_ToolBar.Create(this);                                 //创建工具栏窗口
    m_ToolBar.SetButtons(array,8);                          //设置工具栏按钮个数
    m_ToolBar.GetToolBarCtrl().SetImageList(&m_ImageList);  //关联图像列表
    m_ToolBar.SetSizes(CSize(50,60),CSize(32,32));          //设置按钮和图标的大小
    //设置工具栏按钮的显示文本
    m_ToolBar.SetButtonText(0,"商品信息");
    m_ToolBar.SetButtonText(1,"销售查询");
```

```
m_ToolBar.SetButtonText(3,"入库登记");
m_ToolBar.SetButtonText(4,"库存信息");
m_ToolBar.SetButtonText(6,"日结查询");
m_ToolBar.SetButtonText(7,"用户管理");
RepositionBars(AFX_IDW_CONTROLBAR_FIRST,AFX_IDW_CONTROLBAR_LAST,0);
return TRUE;
}
```

（10）按 Ctrl+W 组合键打开 MFC ClassWizard 对话框，在类向导窗口中为菜单项添加单击事件，如图 23.25 所示。

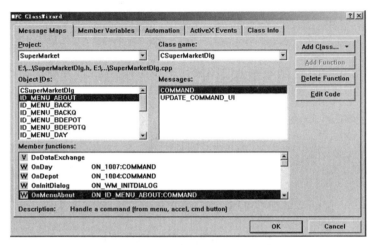

图 23.25　MFC ClassWizard 对话框

（11）在菜单的单击事件中设置打开各个模块的功能，由于各个模块还没有创建，下面只以打开"关于"对话框为例，代码如下：

```
void CSuperMarketDlg::OnMenuAbout()
{
    CAboutDlg dlg;                          //关于对话框类对象
    dlg.DoModal();                          //打开"关于"对话框
}
```

23.6　商品信息模块设计

23.6.1　商品信息模块概述

商品信息模块用于对商品基本信息进行添加、修改和删除等操作，并可以按条件对已添加的商品进行查询。商品信息模块如图 23.26 所示。

第 23 章 VC+++Oracle 实现超市进销存管理系统

图 23.26 商品信息模块

23.6.2 商品信息模块技术分析

在商品信息模块中，使用了 INSERT INTO 语句向 TB_SHANGPIN 表中进行商品信息的添加。INSERT INTO 语句的语法格式如下：

INSERT INTO table_name [(column_list)] VALUES(data_values)

- ☑ table_name：要添加记录的数据表名称。
- ☑ column_list：是表中的字段列表，表示向表中哪些字段插入数据。如果是多个字段，字段之间用逗号分隔。不指定 column_list，默认向数据表中所有字段插入数据。
- ☑ data_values：要添加的数据列表，各个数据之间使用逗号分隔。数据列表中的个数、数据类型必须和字段列表中的字段个数、数据类型一致。

> **说明**
> 对于省略的字段，按下列顺序进行处理。
> （1）如果字段为计算字段、标识字段，则自动产生其值。
> （2）如果不能自动产生其值，但字段设置了默认值，则填入默认值。
> （3）如果该字段不能自动产生值，又没有设置默认值，但字段不允许空值，则填入 NULL。
> （4）如果字段不能自动产生值，又没有设置默认值，并且字段不允许空值，则显示错误提示信息，不输入任何数据。

下面的示例主要应用 INSERT INTO 语句实现数据信息的添加，代码如下：

```
sql.Format("insert into TB_SHANGPIN(SPBH,SPMC,SPJM,SPLB,SPDW,TXM,\
    JHJG,XSJG)values('%s','%s','%s','%s','%s','%s',%f,%f)",m_Spbh,m_Spmc,
    m_Spjm,m_Splb,m_Spdw,m_Txm,m_Jhjg,m_Xsjg);
```

> **注意**
> 在 Oracle 数据库中表名的前面一定要添加方案名。

23.6.3 商品信息模块实现过程

（1）创建一个对话框，打开对话框属性窗口，将对话框的 ID 设置为 IDD_SHANGPIN_DIALOG，将对话框标题设置为"商品信息"。

（2）向对话框中添加 2 个群组控件、8 个静态文本控件、9 个编辑框控件、1 个列表视图控件、2 个组合框控件和 5 个按钮控件，部分控件的属性设置如表 23.1 所示。

表 23.1 部分控件属性设置

控 件 ID	控 件 属 性	对 应 变 量
IDC_EDIT1	选中 Read-only 复选框	CString m_Spbh
IDC_EDIT2	无	CString m_Spmc
IDC_EDIT3	无	CString m_Spjm
IDC_EDIT4	无	CString m_Splb
IDC_EDIT5	无	CString m_Spdw
IDC_EDIT6	无	CString m_Txm
IDC_EDIT8	无	double m_Jhjg
IDC_EDIT9	无	double m_Xsjg
IDC_EDIT10	无	CString m_Text
IDC_LIST1	View：Report、Single selection、No label wrap、Client edge	CListCtrl m_Grid
IDC_COMBO1	取消选择 Sort 属性	CComboBox m_Combo1
IDC_COMBO2	取消选择 Sort 属性	CComboBox m_Combo2
IDC_BUTADD	Caption：添加	无
IDC_BUTSAVE	Caption：保存	无
IDC_BUTMOD	Caption：修改	无
IDC_BUTDEL	Caption：删除	无
IDC_BUTQUERY	Caption：查询	无

（3）向对话框中添加 OnInitDialog 方法，在对话框初始化时设置列表视图控件的表头和显示风格，初始化两个组合框控件的选项。代码如下：

```
BOOL CShangpindlg::OnInitDialog()
{
    CDialog::OnInitDialog();
    //设置列表视图的扩展风格
    m_Grid.SetExtendedStyle(LVS_EX_FLATSB            //扁平风格显示滚动条
        |LVS_EX_FULLROWSELECT                         //允许整行选中
        |LVS_EX_HEADERDRAGDROP                        //允许整列拖动
        |LVS_EX_ONECLICKACTIVATE                      //单击选中项
        |LVS_EX_GRIDLINES);                           //画出网格线
```

```cpp
    m_Grid.InsertColumn(0,"商品编号",LVCFMT_LEFT,70,0);        //设置商品编号列
    m_Grid.InsertColumn(1,"商品名称",LVCFMT_LEFT,70,1);        //设置商品名称列
    m_Grid.InsertColumn(2,"商品简码",LVCFMT_LEFT,70,2);        //设置商品简码列
    m_Grid.InsertColumn(3,"商品类别",LVCFMT_LEFT,70,3);        //设置商品类别列
    m_Grid.InsertColumn(4,"商品单位",LVCFMT_LEFT,70,4);        //设置商品单位列
    m_Grid.InsertColumn(5,"条形码",LVCFMT_LEFT,70,5);          //设置条形码列
    m_Grid.InsertColumn(6,"进货价格",LVCFMT_LEFT,70,6);        //设置进货价格列
    m_Grid.InsertColumn(7,"销售价格",LVCFMT_LEFT,70,7);        //设置销售价格列
    AddToGrid();    //向列表视图控件中插入数据
    //初始化组合框的显示信息
    m_Combo1.SetCurSel(0);
    m_Combo2.SetCurSel(5);
    return TRUE;
}
```

（4）添加自定义函数 AddToGrid，用于将数据库中的数据添加到列表视图控件中。代码如下：

```cpp
void CShangpindlg::AddToGrid()
{
    ADOConn m_AdoConn;                                        //ADOConn 对象
    m_AdoConn.OnInitADOConn();                                //连接数据库
    CString sql;
    int i = 0;
    sql.Format("select * from TB_SHANGPIN");                  //设置 SQL 语句
    m_AdoConn.m_pRecordset = m_AdoConn.GetRecordSet((_bstr_t)sql);    //执行 SQL 语句
    while(!m_AdoConn.m_pRecordset->adoEOF)
    {
        m_Grid.InsertItem(i,"");                              //向列表视图控件中插入行
        //向列表视图控件中插入列
        m_Grid.SetItemText(i,0,(char*)(_bstr_t)m_AdoConn.m_pRecordset->GetCollect("SPBH"));
                                                              //插入商品编号列
        m_Grid.SetItemText(i,1,(char*)(_bstr_t)m_AdoConn.m_pRecordset->GetCollect("SPMC"));
                                                              //插入商品名称列
        m_Grid.SetItemText(i,2,(char*)(_bstr_t)m_AdoConn.m_pRecordset->GetCollect("SPJM"));
                                                              //插入商品简码列
        m_Grid.SetItemText(i,3,(char*)(_bstr_t)m_AdoConn.m_pRecordset->GetCollect("SPLB"));
                                                              //插入商品类别列
        m_Grid.SetItemText(i,4,(char*)(_bstr_t)m_AdoConn.m_pRecordset->GetCollect("SPDW"));
                                                              //插入商品单位列
        m_Grid.SetItemText(i,5,(char*)(_bstr_t)m_AdoConn.m_pRecordset->GetCollect("TXM"));
                                                              //插入条形码列
        m_Grid.SetItemText(i,6,(char*)(_bstr_t)m_AdoConn.m_pRecordset->GetCollect("JHJG"));
                                                              //插入进货价格列
        m_Grid.SetItemText(i,7,(char*)(_bstr_t)m_AdoConn.m_pRecordset->GetCollect("XSJG"));
                                                              //插入销售价格列
        m_AdoConn.m_pRecordset->MoveNext();                   //将记录集指针移动到下一条
```

```
        i++;
    }
    m_AdoConn.ExitConnect();                              //关闭记录集并断开数据库连接
}
```

（5）处理"保存"按钮的单击事件，在该事件中，首先判断控件中的商品信息是否为空，如果不为空则将商品信息保存到数据库中。代码如下：

```
void CShangpindlg::OnButsave()
{
    UpdateData(TRUE);
    if(m_Spmc.IsEmpty() || m_Spjm.IsEmpty() || m_Splb.IsEmpty()
        || m_Spdw.IsEmpty() || m_Txm.IsEmpty())            //判断数据是否为空
    {
        MessageBox("商品信息不能为空！");
        return;
    }
    //设置 SQL 语句
    CString sql;
    sql.Format("insert into TB_SHANGPIN(SPBH,SPMC,SPJM,SPLB,SPDW,TXM,\
        JHJG,XSJG)values('%s','%s','%s','%s','%s','%s',%f,%f)",m_Spbh,m_Spmc,
        m_Spjm,m_Splb,m_Spdw,m_Txm,m_Jhjg,m_Xsjg);
    ADOConn m_AdoConn;                                    //ADOConn 对象
    m_AdoConn.OnInitADOConn();                            //连接数据库
    m_AdoConn.ExecuteSQL((_bstr_t)sql);                   //执行 SQL 语句
    m_AdoConn.ExitConnect();                              //断开数据库连接
    m_Grid.DeleteAllItems();                              //清空列表视图控件中的数据
    AddToGrid();                                          //向列表视图控件中添加数据
}
```

（6）处理"修改"按钮的单击事件，用于修改数据库中的商品信息。代码如下：

```
void CShangpindlg::OnButmod()
{
    UpdateData(TRUE);
    if(m_Spmc.IsEmpty() || m_Spjm.IsEmpty() || m_Splb.IsEmpty()
        || m_Spdw.IsEmpty() || m_Txm.IsEmpty())            //判断数据是否为空
    {
        MessageBox("商品信息不能为空！");
        return;
    }
    //设置 SQL 语句
    CString sql;
    sql.Format("update TB_SHANGPIN set SPMC='%s',SPJM='%s',SPLB='%s',\
        SPDW='%s',TXM='%s',JHJG=%f,XSJG=%f where SPBH='%s'",m_Spmc,m_Spjm,
        m_Splb,m_Spdw,m_Txm,m_Jhjg,m_Xsjg,m_Spbh);
    ADOConn m_AdoConn;                                    //ADOConn 对象
```

```cpp
    m_AdoConn.OnInitADOConn();                                  //连接数据库
    m_AdoConn.ExecuteSQL((_bstr_t)sql);                         //执行 SQL 语句
    m_AdoConn.ExitConnect();                                    //断开数据库连接
    m_Grid.DeleteAllItems();                                    //清空列表视图控件中的数据
    AddToGrid();                                                //向列表视图控件中添加数据
}
```

（7）处理"删除"按钮的单击事件，用于删除数据库中的商品信息。代码如下：

```cpp
void CShangpindlg::OnButdel()
{
    UpdateData(TRUE);
    CString sql;
    sql.Format("delete from TB_SHANGPIN where SPBH='%s'",m_Spbh);
    ADOConn m_AdoConn;                                          //ADOConn 对象
    m_AdoConn.OnInitADOConn();                                  //连接数据库
    m_AdoConn.ExecuteSQL((_bstr_t)sql);                         //执行 SQL 语句
    sql.Format("select * from TB_DEPOT where SPBH='%s'",m_Spbh); //设置 SQL 语句
    m_AdoConn.m_pRecordset = m_AdoConn.GetRecordSet((_bstr_t)sql); //通过 SQL 语句查询
    if(!m_AdoConn.m_pRecordset->adoEOF)
    {
        MessageBox("请先删除库存表中的信息");
    }
    m_AdoConn.ExitConnect();                                    //关闭记录集并断开数据库连接
    m_Grid.DeleteAllItems();                                    //清空列表控件中的数据
    AddToGrid();                                                //向列表控件中插入数据
}
```

（8）处理列表视图控件的 NM_CLICK 消息，当单击列表视图控件中的列表项时将该记录的数据添加到相应的编辑框中。代码如下：

```cpp
void CShangpindlg::OnClickList1(NMHDR* pNMHDR, LRESULT* pResult)
{
    int pos = m_Grid.GetSelectionMark();                        //获得当前选中的列表项索引
    //将每一列中的数据添加到相应的编辑框中
    m_Spbh = m_Grid.GetItemText(pos,0);                         //获取列表视图控件第 0 列的数据
    m_Spmc = m_Grid.GetItemText(pos,1);                         //获取列表视图控件第 1 列的数据
    m_Spjm = m_Grid.GetItemText(pos,2);                         //获取列表视图控件第 2 列的数据
    m_Splb = m_Grid.GetItemText(pos,3);                         //获取列表视图控件第 3 列的数据
    m_Spdw = m_Grid.GetItemText(pos,4);                         //获取列表视图控件第 4 列的数据
    m_Txm = m_Grid.GetItemText(pos,5);                          //获取列表视图控件第 5 列的数据
    m_Jhjg = atof(m_Grid.GetItemText(pos,6));                   //获取列表视图控件第 6 列的数据
    m_Xsjg = atof(m_Grid.GetItemText(pos,7));                   //获取列表视图控件第 7 列的数据
    UpdateData(FALSE);                                          //更新控件显示
    *pResult = 0;
}
```

（9）处理"查询"按钮的单击事件，当按钮按下时获取组合框中选中的数据，并以组合框中的数据为条件进行查询，将查询结果显示在列表视图控件中。代码如下：

```cpp
void CShangpindlg::OnButquery()
{
    UpdateData(TRUE);
    CString field,condition,sql;
    m_Combo2.GetWindowText(condition);                    //获取列表控件中的数据
    switch(m_Combo1.GetCurSel())                          //根据列表控件中选中项判断查询的字段
    {
    case 0:
        field = "SPBH";                                   //设置查询字段为 SPBH
        break;
    case 1:
        field = "SPMC";                                   //设置查询字段为 SPMC
        break;
    case 2:
        field = "SPJM";                                   //设置查询字段为 SPJM
        break;
    case 3:
        field = "SPLB";                                   //设置查询字段为 SPLB
        break;
    }
    //设置 SQL 语句
    if(condition=="LIKE")                                 //判断是否是模糊查询
        sql.Format("select * from TB_SHANGPIN where %s %s '%s%s%s'",
            field,condition,"%",m_Text,"%");
    else
        sql.Format("select * from TB_SHANGPIN where %s %s '%s'",field,condition,m_Text);
    m_Grid.DeleteAllItems();                              //清空列表视图控件中的数据
    ADOConn m_AdoConn;                                    //ADOConn 对象
    m_AdoConn.OnInitADOConn();                            //连接数据库
    m_AdoConn.m_pRecordset = m_AdoConn.GetRecordSet((_bstr_t)sql);//根据 SQL 语句进行查询
    int i = 0;
    while(!m_AdoConn.m_pRecordset->adoEOF)
    {
        m_Grid.InsertItem(i,"");                          //向列表视图控件中插入行
        //向列表视图控件中插入列
        m_Grid.SetItemText(i,0,(char*)(_bstr_t)m_AdoConn.m_pRecordset->GetCollect("SPBH"));
                                                          //插入商品编号列
        m_Grid.SetItemText(i,1,(char*)(_bstr_t)m_AdoConn.m_pRecordset->GetCollect("SPMC"));
                                                          //插入商品名称列
        m_Grid.SetItemText(i,2,(char*)(_bstr_t)m_AdoConn.m_pRecordset->GetCollect("SPJM"));
                                                          //插入商品简码列
        m_Grid.SetItemText(i,3,(char*)(_bstr_t)m_AdoConn.m_pRecordset->GetCollect("SPLB"));
                                                          //插入商品类别列
```

```
            m_Grid.SetItemText(i,4,(char*)(_bstr_t)m_AdoConn.m_pRecordset->GetCollect("SPDW"));
                                                            //插入商品单位列
            m_Grid.SetItemText(i,5,(char*)(_bstr_t)m_AdoConn.m_pRecordset->GetCollect("TXM"));
                                                            //插入条形码列
            m_Grid.SetItemText(i,6,(char*)(_bstr_t)m_AdoConn.m_pRecordset->GetCollect("JHJG"));
                                                            //插入进货价格列
            m_Grid.SetItemText(i,7,(char*)(_bstr_t)m_AdoConn.m_pRecordset->GetCollect("XSJG"));
                                                            //插入销售价格列
            m_AdoConn.m_pRecordset->MoveNext();             //将记录集指针移动到下一条
            i++;
        }
        m_AdoConn.ExitConnect();                            //关闭记录集并断开数据库连接
    }
```

23.7 供应商信息模块设计

23.7.1 供应商信息模块概述

供应商信息模块用于添加、修改和删除向超市提供货源的供应商的信息，并可以对已经添加供应商进行查询。供应商信息模块如图 23.27 所示。

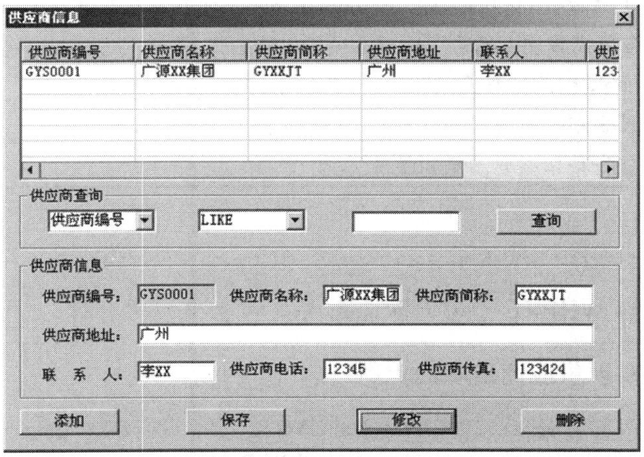

图 23.27 供应商信息模块

23.7.2 供应商信息模块技术分析

在供应商信息模块中，添加供应商信息的功能主要是将管理员输入的供应商信息通过 INSERT INTO 语句添加到指定的数据表中；修改供应商信息时主要应用 UPDATE 语句将指定的供应商信息进行修改；删除供应商信息时主要应用 DELETE 语句实现供应商信息的删除。下面介绍供应商管理模块中涉及的主要技术。

1. INSERT INTO 语句

使用 INSERT INTO 语句实现向指定的数据表中添加数据信息。

2. UPDATE 语句

UPDATE 语句主要用于更新单行上的一列或多列的值，或是更新单个表中选定的一些行上的多个列值。当然，为了在 UPDATE 语句中修改指定表中的数据，必须有对表的 UPDATE 访问权限。在本模块中主要应用 UPDATE 语句实现对指定供应商信息进行更新。UPDATE 语句的语法格式如下：

```
UPDATE<table_name | view_name>
SET <column_name>=<expression>
    [...,<last column_name>=<last expression>]
[WHERE<search_condition>]
```

UPDATE 语法中的参数说明如表 23.2 所示。

表 23.2　UPDATE 语法中的参数说明

设 置 值	描 述
table_name	需要更新的表的名称。如果该表不在当前服务器或数据库中，或不为当前用户所有，这个名称可用链接服务器、数据库和所有者名称来限定
view_name	要更新的视图的名称。通过 view_name 来引用的视图必须是可更新的
SET	指定要更新的列或变量名称的列表
column_name	含有要更改数据的列的名称。column_name 必须位于 UPDATE 子句中所指定的表或视图中
expression	变量、表达式或加上括号返回单个值的 SELECT 语句。expression 返回的值将替换 column_name 或@variable 中的现有值
WHERE	指定条件来限定所更新的行
<search_condition>	为要更新行指定需要满足的条件

> **注意**
> 一定要确保不要忽略 WHERE 子句，除非想要更新表中的所有行。

通过下面的代码可以实现供应商信息的更新：

```
sql.Format("update TB_PROVIDE set GYSMC='%s',GYSJC='%s',GYSDZ='%s',\
    LXR='%s',GYSDH='%s',GYSCZ=%s where GYSBH='%s'",m_Gysmc,m_Gysjc,m_Gysdz,
    m_Lxr,m_Gysdh,m_Gyscz,m_Gysbh);
```

3. DELETE 语句

本模块主要应用 DELETE 语句实现供应商信息的删除。DELETE 语句的语法格式如下：

```
DELETE FROM <table_name >
[WHERE<search condition>]
```

- ☑ FROM：是可选的关键字，可用在 DELETE 关键字与目标 table_name、view_name 或 rowset_function_limited 之间。
- ☑ table_name：是要删除数据的表的名称。
- ☑ <search_condition>：指定删除行的限定条件。

> **技巧**
> 如果想要一次性删除数据表中的所有记录，也可以使用 TRUNCATE TABLE 语句。语法格式如下：
>
> TRUNCATE TABLE table
>
> TRUNCATE TABLE 语句的执行过程不会记录于事务日志文件中，因此速度较快，但删除后就无法利用事务日志文件恢复了。

通过下面的代码可以实现数据信息的动态删除：

sql.Format("delete from TB_PROVIDE where GYSBH='%s'",m_Gysbh);

23.7.3 供应商信息模块实现过程

（1）创建一个对话框，打开对话框属性窗口，将对话框的 ID 设置为 IDD_PROVIDE_DIALOG，将对话框标题设置为"供应商信息"。

（2）向对话框中添加 2 个群组控件、7 个静态文本控件、8 个编辑框控件、1 个列表视图控件、2 个组合框控件和 5 个按钮控件，部分控件的属性设置如表 23.3 所示。

表 23.3　部分控件属性设置

控件 ID	控件属性	对应变量
IDC_EDIT1	选中 Read-only 复选框	CString　m_Gysbh
IDC_EDIT2	无	CString　m_Gysmc
IDC_EDIT3	无	CString　m_Gysjc
IDC_EDIT4	无	CString　m_Gysdz
IDC_EDIT5	无	CString　m_Lxr
IDC_EDIT6	无	CString　m_Gysdh
IDC_EDIT7	无	double　m_Gyscz
IDC_EDIT8	无	CString　m_Text
IDC_LIST1	View：Report、Single selection、No label wrap、Client edge	CListCtrl　m_Grid
IDC_COMBO1	取消选择 Sort 属性	CComboBox　m_Combo1
IDC_COMBO2	取消选择 Sort 属性	CComboBox　m_Combo2
IDC_BUTADD	Caption：添加	无

续表

控件 ID	控件属性	对应变量
IDC_BUTSAVE	Caption：保存	无
IDC_BUTMOD	Caption：修改	无
IDC_BUTDEL	Caption：删除	无
IDC_BUTQUERY	Caption：查询	无

（3）向对话框中添加 OnInitDialog 方法，在对话框初始化时设置列表视图控件的表头和显示风格，初始化两个组合框控件的选项。代码如下：

```
BOOL CProvidedlg::OnInitDialog()
{
    CDialog::OnInitDialog();
    //设置列表视图的扩展风格
    m_Grid.SetExtendedStyle(LVS_EX_FLATSB              //扁平风格显示滚动条
        |LVS_EX_FULLROWSELECT                          //允许整行选中
        |LVS_EX_HEADERDRAGDROP                         //允许整列拖动
        |LVS_EX_ONECLICKACTIVATE                       //单击选中项
        |LVS_EX_GRIDLINES);                            //画出网格线
    //设置表头
    m_Grid.InsertColumn(0,"供应商编号",LVCFMT_LEFT,100,0);   //设置供应商编号列
    m_Grid.InsertColumn(1,"供应商名称",LVCFMT_LEFT,100,1);   //设置供应商名称列
    m_Grid.InsertColumn(2,"供应商简称",LVCFMT_LEFT,100,2);   //设置供应商简称列
    m_Grid.InsertColumn(3,"供应商地址",LVCFMT_LEFT,100,3);   //设置供应商地址列
    m_Grid.InsertColumn(4,"联系人",LVCFMT_LEFT,100,4);       //设置联系人列
    m_Grid.InsertColumn(5,"供应商电话",LVCFMT_LEFT,100,5);   //设置供应商电话列
    m_Grid.InsertColumn(6,"供应商传真",LVCFMT_LEFT,100,6);   //设置供应商传真列
    AddToGrid();                                       //向列表视图控件中插入数据
    //初始化组合框的显示信息
    m_Combo1.SetCurSel(0);
    m_Combo2.SetCurSel(5);
    return TRUE;
}
```

（4）添加自定义函数 AddToGrid，用于将数据库中的数据添加到列表视图控件中。代码如下：

```
void CProvidedlg::AddToGrid()
{
    ADOConn m_AdoConn;                                 //ADOConn 对象
    m_AdoConn.OnInitADOConn();                         //连接数据库
    CString sql;
    int i = 0;
    sql.Format("select * from TB_PROVIDE");            //设置 SQL 语句
    m_AdoConn.m_pRecordset = m_AdoConn.GetRecordSet((_bstr_t)sql);  //根据 SQL 语句进行查询
    while(!m_AdoConn.m_pRecordset->adoEOF)
```

```
    {
        m_Grid.InsertItem(i,"");                                           //向列表视图控件中插入行
//向列表视图控件中插入列
        m_Grid.SetItemText(i,0,(char*)(_bstr_t)m_AdoConn.m_pRecordset->GetCollect("GYSBH"));
                                                                           //插入编号
        m_Grid.SetItemText(i,1,(char*)(_bstr_t)m_AdoConn.m_pRecordset->GetCollect("GYSMC"));
                                                                           //插入名称
        m_Grid.SetItemText(i,2,(char*)(_bstr_t)m_AdoConn.m_pRecordset->GetCollect("GYSJC"));
                                                                           //插入简称
        m_Grid.SetItemText(i,3,(char*)(_bstr_t)m_AdoConn.m_pRecordset->GetCollect("GYSDZ"));
                                                                           //插入地址
        m_Grid.SetItemText(i,4,(char*)(_bstr_t)m_AdoConn.m_pRecordset->GetCollect("LXR"));
                                                                           //插入联系人
        m_Grid.SetItemText(i,5,(char*)(_bstr_t)m_AdoConn.m_pRecordset->GetCollect("GYSDH"));
                                                                           //插入电话
        m_Grid.SetItemText(i,6,(char*)(_bstr_t)m_AdoConn.m_pRecordset->GetCollect("GYSCZ"));
                                                                           //插入传真
        m_AdoConn.m_pRecordset->MoveNext();                                //将记录集指针移动到下一条记录
        i++;
    }
    m_AdoConn.ExitConnect();                                               //关闭记录集并断开数据库连接
}
```

（5）处理"添加"按钮的单击事件，当按钮按下时，自动根据数据表中的数据生成供应商编号，并清空其他编辑框中的数据。代码如下：

```
void CProvidedlg::OnButadd()
{
    CString sql,ph;
    sql.Format("select * from TB_PROVIDE");                                //设置 SQL 语句
    ADOConn m_AdoConn;                                                     //ADOConn 对象
    m_AdoConn.OnInitADOConn();                                             //连接数据库
    m_AdoConn.m_pRecordset = m_AdoConn.GetRecordSet((_bstr_t)sql);         //根据 SQL 语句进行查询
    if(!m_AdoConn.m_pRecordset->adoEOF)                                    //判断是否有符合条件的记录
    {
        while(!m_AdoConn.m_pRecordset->adoEOF)
        {
            ph = (char*)(_bstr_t)m_AdoConn.m_pRecordset->GetCollect("GYSBH");  //获得数据表中的供应商编号
            m_AdoConn.m_pRecordset->MoveNext();                            //将记录集指针移动到下一条记录
        }
        m_Gysbh.Format("GYS%04d",atoi(ph.Right(4))+1);                     //将获得的记录加1生成新的供应商编号
    }
    else
        m_Gysbh.Format("GYS0001");                                         //如果没有符合的记录，则供应商编号为 GYS0001
    m_AdoConn.ExitConnect();                                               //关闭记录集并断开数据库连接
```

```
    //清空其他编辑框中的数据
    m_Gysmc = "";
    m_Gysjc = "";
    m_Gysdz = "";
    m_Lxr   = "";
    m_Gysdh = "";
    m_Gyscz = "";
    UpdateData(FALSE);                                          //更新控件显示
}
```

（6）处理"保存"按钮的单击事件，在该事件中，首先判断控件中的供应商信息是否为空，如果不为空则将供应商信息保存到数据库中。代码如下：

```
void CProvidedlg::OnButsave()
{
    UpdateData(TRUE);
    if(m_Gysmc.IsEmpty() || m_Gysjc.IsEmpty() || m_Gysdz.IsEmpty()
        || m_Lxr.IsEmpty() || m_Gysdh.IsEmpty() || m_Gyscz.IsEmpty())   //判断数据是否为空
    {
        MessageBox("供应商信息不能为空！");
        return;
    }
    //设置 SQL 语句
    CString sql;
    sql.Format("insert into TB_PROVIDE(GYSBH,GYSMC,GYSJC,GYSDZ,LXR,\
        GYSDH,GYSCZ)values('%s','%s','%s','%s','%s','%s',%s)",m_Gysbh,
        m_Gysmc,m_Gysjc,m_Gysdz,m_Lxr,m_Gysdh,m_Gyscz);
    ADOConn m_AdoConn;                                          //ADOConn 对象
    m_AdoConn.OnInitADOConn();                                  //连接数据库
    m_AdoConn.ExecuteSQL((_bstr_t)sql);                         //执行 SQL 语句
    m_AdoConn.ExitConnect();                                    //断开数据库连接
    m_Grid.DeleteAllItems();                                    //清空列表视图控件中的数据
    AddToGrid();                                                //向列表视图控件中添加数据
}
```

（7）处理"修改"按钮的单击事件，用于修改数据库中的供应商信息。代码如下：

```
void CProvidedlg::OnButmod()
{
    UpdateData(TRUE);
    if(m_Gysmc.IsEmpty() || m_Gysjc.IsEmpty() || m_Gysdz.IsEmpty()
        || m_Lxr.IsEmpty() || m_Gysdh.IsEmpty() || m_Gyscz.IsEmpty())   //判断数据是否为空
    {
        MessageBox("供应商信息不能为空！");
        return;
    }
    //设置 SQL 语句
```

```
    CString sql;
    sql.Format("update TB_PROVIDE set GYSMC='%s',GYSJC='%s',GYSDZ='%s',\
        LXR='%s',GYSDH='%s',GYSCZ=%s where GYSBH='%s'",m_Gysmc,m_Gysjc,m_Gysdz,
        m_Lxr,m_Gysdh,m_Gyscz,m_Gysbh);
    ADOConn m_AdoConn;                              //ADOConn 对象
    m_AdoConn.OnInitADOConn();                      //连接数据库
    m_AdoConn.ExecuteSQL((_bstr_t)sql);             //执行 SQL 语句
    m_AdoConn.ExitConnect();                        //断开数据库连接
    m_Grid.DeleteAllItems();                        //清空列表视图控件中的数据
    AddToGrid();                                    //向列表视图控件中添加数据
}
```

（8）处理"删除"按钮的单击事件，用于删除数据库中的供应商信息。代码如下：

```
void CProvidedlg::OnButdel()
{
    UpdateData(TRUE);
    CString sql;
    sql.Format("delete from TB_PROVIDE where GYSBH='%s'",m_Gysbh);  //设置 SQL 语句
    ADOConn m_AdoConn;                              //ADOConn 对象
    m_AdoConn.OnInitADOConn();                      //连接数据库
    m_AdoConn.ExecuteSQL((_bstr_t)sql);             //执行 SQL 语句
    m_AdoConn.ExitConnect();                        //断开数据库连接
    m_Grid.DeleteAllItems();                        //清空列表视图控件中的数据
    AddToGrid();                                    //向列表视图控件中添加数据
}
```

（9）处理列表视图控件的 NM_CLICK 消息，当单击列表视图控件中的列表项时将该记录的数据添加到相应的编辑框中。代码如下：

```
void CProvidedlg::OnClickList1(NMHDR* pNMHDR, LRESULT* pResult)
{
    int pos = m_Grid.GetSelectionMark();            //获得当前选中的列表项索引
    //将每一列中的数据添加到相应的编辑框中
    m_Gysbh = m_Grid.GetItemText(pos,0);            //获取列表视图控件第 0 列的数据
    m_Gysmc = m_Grid.GetItemText(pos,1);            //获取列表视图控件第 1 列的数据
    m_Gysjc = m_Grid.GetItemText(pos,2);            //获取列表视图控件第 2 列的数据
    m_Gysdz = m_Grid.GetItemText(pos,3);            //获取列表视图控件第 3 列的数据
    m_Lxr   = m_Grid.GetItemText(pos,4);            //获取列表视图控件第 4 列的数据
    m_Gysdh = m_Grid.GetItemText(pos,5);            //获取列表视图控件第 5 列的数据
    m_Gyscz = m_Grid.GetItemText(pos,6);            //获取列表视图控件第 6 列的数据
    UpdateData(FALSE);                              //更新控件显示
    *pResult = 0;
}
```

（10）处理"查询"按钮的单击事件，当按钮按下时获取组合框中选中的数据，并以组合框中的数据为条件进行查询，将查询结果显示在列表视图控件中。代码如下：

```cpp
void CProvidedlg::OnButquery()
{
    UpdateData(TRUE);
    CString field,condition,sql;
    m_Combo2.GetWindowText(condition);                    //获得组合框中的数据
    switch(m_Combo1.GetCurSel())                          //根据组合框中的数据设置要查询的字段
    {
    case 0:
        field = "GYSBH";                                  //设置查询字段为 GYSBH
        break;
    case 1:
        field = "GYSMC";                                  //设置查询字段为 GYSMC
        break;
    case 2:
        field = "GYSJC";                                  //设置查询字段为 GYSJC
        break;
    }
    //设置 SQL 语句
    if(condition=="LIKE")                                 //判断是否进行模糊查询
        sql.Format("select * from TB_PROVIDE where %s %s '%s%s%s'",
            field,condition,"%",m_Text,"%");
    else
        sql.Format("select * from TB_PROVIDE where %s %s '%s'",
            field,condition,m_Text);
    m_Grid.DeleteAllItems();                              //清空列表视图控件中的数据
    ADOConn m_AdoConn;                                    //ADOConn 对象
    m_AdoConn.OnInitADOConn();                            //连接数据库
    m_AdoConn.m_pRecordset = m_AdoConn.GetRecordSet((_bstr_t)sql);  //根据 SQL 语句进行查询
    int i = 0;
    while(!m_AdoConn.m_pRecordset->adoEOF)
    {
        m_Grid.InsertItem(i,"");                          //向列表视图控件中插入行
        //向列表视图控件中插入列
        m_Grid.SetItemText(i,0,(char*)(_bstr_t)m_AdoConn.m_pRecordset->GetCollect("GYSBH"));
                                                          //插入编号
        m_Grid.SetItemText(i,1,(char*)(_bstr_t)m_AdoConn.m_pRecordset->GetCollect("GYSMC"));
                                                          //插入名称
        m_Grid.SetItemText(i,2,(char*)(_bstr_t)m_AdoConn.m_pRecordset->GetCollect("GYSJC"));
                                                          //插入简称
        m_Grid.SetItemText(i,3,(char*)(_bstr_t)m_AdoConn.m_pRecordset->GetCollect("GYSDZ"));
                                                          //插入地址
        m_Grid.SetItemText(i,4,(char*)(_bstr_t)m_AdoConn.m_pRecordset->GetCollect("LXR"));
                                                          //插入联系人
        m_Grid.SetItemText(i,5,(char*)(_bstr_t)m_AdoConn.m_pRecordset->GetCollect("GYSDH"));
                                                          //插入电话
        m_Grid.SetItemText(i,6,(char*)(_bstr_t)m_AdoConn.m_pRecordset->GetCollect("GYSCZ"));
```

第23章 VC+++Oracle 实现超市进销存管理系统

```
                                                    //插入传真
        m_AdoConn.m_pRecordset->MoveNext();         //将记录集指针移动到下一条记录
        i++;
    }
    m_AdoConn.ExitConnect();                        //关闭记录集并断开数据库连接
}
```

23.8 销售查询模块设计

23.8.1 销售查询模块概述

销售查询模块用于查询某种商品的销售信息，使管理者了解每种商品的销售情况，以此确定每种商品的进货数量。销售查询模块如图 23.28 所示。

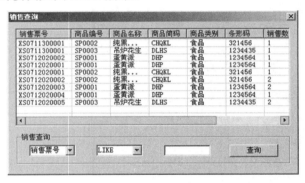

图 23.28 销售查询模块

23.8.2 销售查询模块技术分析

在销售查询模块中支持模糊查询，模糊查询是指 SELECT 语句返回与指定条件匹配的数据。使用模糊查询需要在 SELECT 语句中使用 LIKE 运算符和通配符，通配符可以用来表示一个或多个字母、数字字符。可以在 Oracle 数据库中使用的通配符如表 23.4 所示。

表 23.4 Oracle 数据库中的通配符

通 配 符	描 述
%	表示任意数量的字符
_	表示一个字符

例如，在使用销售票号进行查询时，可以输入 XS0711。在查询时使用的 SQL 语句如下：

select * from TB_SELL where XSPH LIKE '% XS0711%'

通过上面的查询语句可以查询出所有销售票号中带有 XS0711 字符的记录。

23.8.3 销售查询模块实现过程

（1）创建一个对话框，打开对话框属性窗口，将对话框的 ID 设置为 IDD_SELLQ_DIALOG，将对话框标题设置为"销售查询"。

（2）向对话框中添加 1 个群组控件、1 个编辑框控件、1 个列表视图控件、2 个组合框控件和 1 个按钮控件，部分控件的属性设置如表 23.5 所示。

表 23.5 部分控件属性设置

控件 ID	控 件 属 性	对 应 变 量
IDC_EDIT1	无	CString m_Text
IDC_LIST1	View：Report、Single selection、No label wrap、Client edge	CListCtrl m_Grid
IDC_COMBO1	取消选择 Sort 属性	CComboBox m_Combo1
IDC_COMBO2	取消选择 Sort 属性	CComboBox m_Combo2
IDC_BUTQUERY	Caption：查询	无

（3）向对话框中添加 OnInitDialog 方法，在对话框初始化时设置列表视图控件的表头和显示风格，初始化两个组合框控件的选项。代码如下：

```
BOOL CSellquerydlg::OnInitDialog()
{
    CDialog::OnInitDialog();
    //设置列表视图的扩展风格
    m_Grid.SetExtendedStyle(LVS_EX_FLATSB                    //扁平风格显示滚动条
        |LVS_EX_FULLROWSELECT                                //允许整行选中
        |LVS_EX_HEADERDRAGDROP                               //允许整列拖动
        |LVS_EX_ONECLICKACTIVATE                             //单击选中项
        |LVS_EX_GRIDLINES);                                  //画出网格线
    //设置表头
    m_Grid.InsertColumn(0,"销售票号",LVCFMT_LEFT,100,0);       //设置销售票号列
    m_Grid.InsertColumn(1,"商品编号",LVCFMT_LEFT,70,1);        //设置商品编号列
    m_Grid.InsertColumn(2,"商品名称",LVCFMT_LEFT,70,2);        //设置商品名称列
    m_Grid.InsertColumn(3,"商品简码",LVCFMT_LEFT,70,3);        //设置商品简码列
    m_Grid.InsertColumn(4,"商品类别",LVCFMT_LEFT,70,4);        //设置商品类别列
    m_Grid.InsertColumn(5,"条形码"    ,LVCFMT_LEFT,70,5);      //设置条形码列
    m_Grid.InsertColumn(6,"销售数量",LVCFMT_LEFT,70,6);        //设置销售数量列
    m_Grid.InsertColumn(7,"销售价格",LVCFMT_LEFT,70,7);        //设置销售价格列
    m_Grid.InsertColumn(8,"销售时间",LVCFMT_LEFT,70,7);        //设置销售时间列
    ADOConn m_AdoConn;                                       //ADOConn 对象
    m_AdoConn.OnInitADOConn();                               //连接数据库
    CString sql;
    int i = 0;
    sql.Format("select * from TB_SELL");                     //设置 SQL 语句
```

```
m_AdoConn.m_pRecordset = m_AdoConn.GetRecordSet((_bstr_t)sql);    //根据 SQL 语句进行查询
while(!m_AdoConn.m_pRecordset->adoEOF)
{
    m_Grid.InsertItem(i,"");                                      //向列表视图控件中插入行
    //向列表视图控件中插入列
    m_Grid.SetItemText(i,0,(char*)(_bstr_t)m_AdoConn.m_pRecordset->GetCollect("XSPH"));
                                                                  //插入销售票号
    m_Grid.SetItemText(i,1,(char*)(_bstr_t)m_AdoConn.m_pRecordset->GetCollect("SPBH"));
                                                                  //插入商品编号
    m_Grid.SetItemText(i,2,(char*)(_bstr_t)m_AdoConn.m_pRecordset->GetCollect("SPMC"));
                                                                  //插入商品名称
    m_Grid.SetItemText(i,3,(char*)(_bstr_t)m_AdoConn.m_pRecordset->GetCollect("SPJM"));
                                                                  //插入商品简码
    m_Grid.SetItemText(i,4,(char*)(_bstr_t)m_AdoConn.m_pRecordset->GetCollect("SPLB"));
                                                                  //插入商品类别
    m_Grid.SetItemText(i,5,(char*)(_bstr_t)m_AdoConn.m_pRecordset->GetCollect("TXM"));
                                                                  //插入条形码
    m_Grid.SetItemText(i,6,(char*)(_bstr_t)m_AdoConn.m_pRecordset->GetCollect("XSSL"));
                                                                  //插入销售数量
    m_Grid.SetItemText(i,7,(char*)(_bstr_t)m_AdoConn.m_pRecordset->GetCollect("SPDJ"));
                                                                  //插入商品单价
    m_Grid.SetItemText(i,8,(char*)(_bstr_t)m_AdoConn.m_pRecordset->GetCollect("XSSJ"));
                                                                  //插入销售时间
    m_AdoConn.m_pRecordset->MoveNext();                           //将记录集指针移动到下一条记录
    i++;
}
m_AdoConn.ExitConnect();                                          //关闭记录集并断开数据库连接
//初始化组合框控件中的显示数据
m_Combo1.SetCurSel(0);
m_Combo2.SetCurSel(5);
return TRUE;
}
```

（4）处理"查询"按钮的单击事件，当按钮按下时获取组合框中选中的数据，并以组合框中的数据为条件进行查询，将查询结果显示在列表视图控件中。代码如下：

```
void CSellquerydlg::OnButquery()
{
    UpdateData(TRUE);
    CString field,condition,sql;
    m_Combo2.GetWindowText(condition);                            //获得组合框中的数据
    switch(m_Combo1.GetCurSel())                                  //根据组合框中选中项判断要查询的字段
    {
    case 0:
        field = "XSPH";                                           //将查询字段设置为 XSPH
        break;
```

```cpp
case 1:
    field = "SPBH";                                          //将查询字段设置为 SPBH
    break;
case 2:
    field = "SPMC";                                          //将查询字段设置为 SPMC
    break;
case 3:
    field = "SPJM";                                          //将查询字段设置为 SPJM
    break;
}
//设置 SQL 语句
if(condition=="LIKE")                                        //判断是否进行模糊查询
    sql.Format("select * from TB_SELL where %s %s '%s%s%s'",
        field,condition,"%",m_Text,"%");
else
    sql.Format("select * from TB_SELL where %s %s '%s'",
        field,condition,m_Text);
m_Grid.DeleteAllItems();                                     //清空列表视图控件中的数据
ADOConn m_AdoConn;                                           //ADOConn 对象
m_AdoConn.OnInitADOConn();                                   //连接数据库
m_AdoConn.m_pRecordset = m_AdoConn.GetRecordSet((_bstr_t)sql);   //根据 SQL 语句进行查询
int i = 0;
while(!m_AdoConn.m_pRecordset->adoEOF)
{
    m_Grid.InsertItem(i,"");                                 //向列表视图控件中插入行
    //向列表视图控件中插入列
    m_Grid.SetItemText(i,0,(char*)(_bstr_t)m_AdoConn.m_pRecordset->GetCollect("XSPH"));
                                                             //插入销售票号
    m_Grid.SetItemText(i,1,(char*)(_bstr_t)m_AdoConn.m_pRecordset->GetCollect("SPBH"));
                                                             //插入商品编号
    m_Grid.SetItemText(i,2,(char*)(_bstr_t)m_AdoConn.m_pRecordset->GetCollect("SPMC"));
                                                             //插入商品名称
    m_Grid.SetItemText(i,3,(char*)(_bstr_t)m_AdoConn.m_pRecordset->GetCollect("SPJM"));
                                                             //插入商品简码
    m_Grid.SetItemText(i,4,(char*)(_bstr_t)m_AdoConn.m_pRecordset->GetCollect("SPLB"));
                                                             //插入商品类别
    m_Grid.SetItemText(i,5,(char*)(_bstr_t)m_AdoConn.m_pRecordset->GetCollect("TXM"));
                                                             //插入条形码
    m_Grid.SetItemText(i,6,(char*)(_bstr_t)m_AdoConn.m_pRecordset->GetCollect("XSSL"));
                                                             //插入销售数量
    m_Grid.SetItemText(i,7,(char*)(_bstr_t)m_AdoConn.m_pRecordset->GetCollect("SPDJ"));
                                                             //插入商品单价
    m_Grid.SetItemText(i,8,(char*)(_bstr_t)m_AdoConn.m_pRecordset->GetCollect("XSSJ"));
                                                             //插入销售时间
    m_AdoConn.m_pRecordset->MoveNext();                      //将记录集指针移动到下一条记录
    i++;
```

}
m_AdoConn.ExitConnect();   //关闭记录集并断开数据库连接
}

23.9 日结查询模块设计

23.9.1 日结查询模块概述

日结查询模块用于查询每一天的各种商品销售情况，并会计算出当天的销售金额。日结查询模块如图 23.29 所示。

图 23.29　日结查询模块

23.9.2 日结查询模块技术分析

日结查询模块是通过日期来进行查询的，在 Oracle 数据库中，时间数据是以 DD-MON-YY 的格式保存的，相对于这种格式，一般用户更习惯以 MM/DD/YY 或者 YY-MM-DD 等格式输入日期。TO_DATE 函数允许用户以任何格式输入日期，然后将输入的日期转换成 Oracle 使用的默认格式。该函数的语法格式如下：

TO_DATE(d,f)

- ☑　d：用户输入的日期。
- ☑　f：输入的日期格式。TO_DATE 函数中有效的日期格式如表 23.6 所示。

表 23.6　TO_DATE 函数中有效的日期格式

格　　式	描　　述
MONTH	月份的名称
MON	月份的名称的 3 个字母简写
MM	月份的两位数字值
RM	罗马数字的月份
D	一周中某一天的数值

续表

格 式	描 述
DD	一个月中某一天的数值
DDD	一年中某一天的数值
DAY	一周中的某一天名称
DY	一周中某一天的 3 个字母简写
YYYY	显示 4 位的年份
YYY、YY、Y	显示年份的最后 3 位、最后两位或最后一位
YEAR	完整的年份
B.C.或 A.D.	表示公元前或公元后

23.9.3　日结查询模块实现过程

（1）创建一个对话框，打开对话框属性窗口，将对话框的 ID 设置为 IDD_SELLQ_DIALOG，将对话框标题设置为"日结查询"。

（2）向对话框中添加 1 个时间控件、2 个静态文本控件、1 个列表视图控件、1 个编辑框控件和 1 个按钮控件，部分控件的属性设置如表 23.7 所示。

表 23.7　部分控件属性设置

控 件 ID	控 件 属 性	对 应 变 量
IDC_EDIT1	无	CString　m_Money
IDC_LIST1	View：Report、Single selection、No label wrap、Client edge	CListCtrl　m_Grid
IDC_DATETIMEPICKER1	取消选择 Sort 属性	CDateTimeCtrl　m_Day
IDC_QUERY	Caption：查询	无

（3）向对话框中添加 OnInitDialog 方法，在对话框初始化时设置列表视图控件的表头和显示风格，获得当前系统日期，初始化时间控件的显示日期。代码如下：

```
BOOL CDaydlg::OnInitDialog()
{
    CDialog::OnInitDialog();
    //设置列表视图的扩展风格
    m_Grid.SetExtendedStyle(LVS_EX_FLATSB                  //扁平风格显示滚动条
        |LVS_EX_FULLROWSELECT                              //允许整行选中
        |LVS_EX_HEADERDRAGDROP                             //允许整列拖动
        |LVS_EX_ONECLICKACTIVATE                           //单击选中项
        |LVS_EX_GRIDLINES);                                //画出网格线
    //设置表头
    m_Grid.InsertColumn(0,"商品编号",LVCFMT_LEFT,80,0);     //设置商品编号列
    m_Grid.InsertColumn(1,"商品名称",LVCFMT_LEFT,80,1);     //设置商品名称列
    m_Grid.InsertColumn(2,"商品单价",LVCFMT_LEFT,80,2);     //设置商品单价列
    m_Grid.InsertColumn(3,"销售数量",LVCFMT_LEFT,80,3);     //设置销售数量列
    CTime time = CTime::GetCurrentTime();                   //获得系统当前时间
    m_Day.SetTime(&time);                                   //设置时间控件显示系统当前日期
```

```
    return TRUE;
}
```

(4)处理"查询"按钮的单击事件,当按钮被按下时获取当前时间控件中的日期,根据该日期进行查询,并记录该日期商品的销售金额。代码如下:

```cpp
void CDaydlg::OnQuery()
{
    m_Grid.DeleteAllItems();                                    //清空列表视图控件中的数据
    CTime time;
    m_Day.GetTime(time);                                        //获得时间控件中的日期
    CString sql,m_Xsph;
    CString spbh[1000],spmc[1000];
    double sum=0;
    int num=0;
    double spdj[1000];
    //设置SQL查询语句,去除商品编号重复的记录
    sql.Format("select distinct SPBH,SPMC,SPDJ from TB_SELL where TO_DATE(XSSJ)=\
        TO_DATE('%s','MMDDYYYY')",time.Format("%m%d%Y"));
    ADOConn m_AdoConn;                                          //ADOConn 对象
    m_AdoConn.OnInitADOConn();                                  //连接数据库
    m_AdoConn.m_pRecordset = m_AdoConn.GetRecordSet((_bstr_t)sql);  //根据SQL语句查询
    while(!m_AdoConn.m_pRecordset->adoEOF)
    {
        spbh[num] = (char*)(_bstr_t)m_AdoConn.m_pRecordset->GetCollect("SPBH");//获得所有商品编号
        m_Grid.InsertItem(num,"");                              //向列表视图控件中插入行
        m_Grid.SetItemText(num,0,spbh[num]);                    //向列表视图控件中插入商品编号
        spmc[num] = (char*)(_bstr_t)m_AdoConn.m_pRecordset->GetCollect("SPMC");
        m_Grid.SetItemText(num,1,spmc[num]);                    //向列表视图控件中插入商品名称
        spdj[num] = atoi((char*)(_bstr_t)m_AdoConn.m_pRecordset->GetCollect("SPDJ"));
        m_Grid.SetItemText(num,2,(char*)(_bstr_t)m_AdoConn.m_pRecordset->GetCollect("SPDJ"));
                                                                //插入商品单价
        m_AdoConn.m_pRecordset->MoveNext();                     //将记录集指针移动到下一条记录
        num++;
    }
    for(int j=0;j<num;j++)
    {
        //使用SUM计算同种商品每一天销售的数量
        sql.Format("select SUM(XSSL)AS ZSL from TB_SELL\
            where TO_DATE(XSSJ)=TO_DATE('%s','MMDDYYYY') and SPBH='%s'",
            time.Format("%m%d%Y"),spbh[j]);
        m_AdoConn.m_pRecordset = m_AdoConn.GetRecordSet((_bstr_t)sql);  //根据SQL语句查询
        if(!m_AdoConn.m_pRecordset->adoEOF)
        {
            //取出当天每种商品的销售数量
            int zsl = atoi((char*)(_bstr_t)m_AdoConn.m_pRecordset->GetCollect("ZSL"));
            m_Grid.SetItemText(j,3,(char*)(_bstr_t)m_AdoConn.m_pRecordset->GetCollect("ZSL"));
            sum = sum + spdj[j]*zsl;   //计算销售金额
            sql.Format("select * from TB_MONTH where MONTH='%s' and \
                SPBH='%s'",time.Format("%m 月%Y 年"),spbh[j]);  //设置SQL语句
            m_AdoConn.m_pRecordset = m_AdoConn.GetRecordSet((_bstr_t)sql);  //根据SQL语句查询
            if(!m_AdoConn.m_pRecordset->adoEOF) //查询当前商品的销售记录是否在月结表中
            {
```

```
                    sql.Format("update TB_MONTH set XSSL=XSSL+%d where SPBH='%s' and \
                        MONTH='%s'",zsl,spbh[j],time.Format("%m 月%Y 年"));    //存在则修改销售数量
                }
                else
                {
                    //不存在则添加记录
                    sql.Format("insert into TB_MONTH(SPBH,SPMC,SPDJ,XSSL,MONTH)values('%s',\
                        '%s',%0.2f,%d,'%s')",spbh[j],spmc[j],spdj[j],zsl,time.Format("%m 月%Y 年"));
                }
                m_AdoConn.ExecuteSQL((_bstr_t)sql);                            //执行 SQL 语句
            }
        }
        m_Money.Format("%0.2f",sum);                                           //显示销售金额
        m_AdoConn.ExitConnect();                                               //关闭记录集并断开数据库连接
        UpdateData(FALSE);                                                     //更新控件显示数据
}
```

23.10 前台销售模块设计

23.10.1 前台销售模块概述

前台销售模块用于添加并显示消费者购买的商品信息，并计算消费者所要支付的金额。前台销售模块如图 23.30 所示。

图 23.30 前台销售模块

23.10.2 前台销售模块技术分析

在前台销售模块中,需要将前台对话框全屏显示,全屏显示需要使用 GetSystemMetrics 函数获得屏幕的宽度和高度,然后通过 SetWindowPos 函数将程序全屏显示。

(1) GetSystemMetrics 函数的语法格式如下:

```
int GetSystemMetrics( int nIndex );
```

nIndex 要获取的信息值如表 23.8 所示。

表 23.8 nIndex 参数的主要值

常 量 值	描 述
SM_ARRANGE	设置 Windows 如何排列最小化窗口的一个标志
SM_CLEANBOOT	指定启动模式。0=普通模式,1=带网络支持的安全模式
SM_CMONITORS	可用系统环境的数量
SM_CMOUSEBUTTONS	鼠标按钮(按键)的数量。如没有鼠标,就为 0
SM_CXBORDER、SM_CYBORDER	尺寸不可变边框的大小
SM_CXCURSOR、SM_CYCURSOR	标准指针大小
SM_CXDLGFRAME、SM_CYDLGFRAME	对话框边框的大小
SM_CXDOUBLECLK、SM_CYDOUBLECLK	双击区域的大小
SM_CXFRAME、SM_CYFRAME	尺寸可变边框的大小
SM_CXFULLSCREEN、SM_CYFULLSCREEN	最大化窗口客户区的大小
SM_CXHSCROLL、SM_CYHSCROLL	水平滚动条上的箭头大小
SM_CXHTHUMB、SM_YXHTHUMB	滚动块在水平滚动条上的大小
SM_CXICON、SM_CYICON	标准图标的大小
SM_CXICONSPACING SM_CYICONSPACING	桌面图标之间的间隔距离
SM_CXMAXIMIZED、SM_CYMAXIMIZED	最大化窗口的默认尺寸
SM_CXMAXTRACK、SM_CYMAXTRACK	改变窗口大小时,最大的轨迹宽度
SM_CXMENUCHECK、SM_CYMENUCHECK	菜单复选号位图的大小
SM_CXMENUSIZE、SM_CYMENUSIZE	菜单栏上的按钮大小
SM_CXMIN、SM_CYMIN	窗口的最小尺寸
SM_CXMINIMIZED、SM_CYMINIMIZED	最小化的窗口必须填充进去的一个矩形小于或等于 SM_?ICONSPACING
SM_CXSCREEN、SM_CYSCREEN	屏幕大小
SM_CXSIZE、SM_CYSIZE	标题栏位图的大小
SM_CYCAPTION	窗口标题的高度
SM_CYMENU	菜单的高度

（2）SetWindowPos 函数：该函数可以为窗口指定一个新位置和状态。该函数的语法格式如下：

BOOL SetWindowPos(HWND hWndInsertAfter, int x, int y, int cx, int cy, UINT nFlags);
BOOL SetWindowPos(HWND hWndInsertAfter, LPCRECT lpRect, UINT nFlags);

SetWindowPos 函数的参数说明如表 23.9 所示。

表 23.9 SetWindowPos 函数的参数说明

参　　数	描　　述
hWndInsertAfter	在 z 序中的位于被置位的窗口前的窗口句柄
x	以客户坐标指定窗口新位置的左边界
y	以客户坐标指定窗口新位置的顶边界
cx	以像素指定窗口的新的宽度
cy	以像素指定窗口的新的高度
nFlags	窗口尺寸和定位的标志
lpRect	窗口的新区域

23.10.3　前台销售模块实现过程

（1）创建一个基于对话框的应用程序，打开对话框的属性窗口，将 Border 属性设置为 None。

（2）向对话框中添加 8 个静态文本控件、3 个编辑框控件、1 个列表视图控件和 2 个按钮控件，各控件的属性设置如表 23.10 所示。

表 23.10 各控件属性设置

控 件 ID	控 件 属 性	对 应 变 量
IDC_TITLE	Caption：超市进销存管理系统——前台	CStatic　m_Title
IDC_STATICY	Caption：应收金额：	CStatic　m_Ystatic
IDC_STATICS	Caption：实收金额：	CStatic　m_Sstatic
IDC_STATICZ	Caption：找零：	CStatic　m_Zstatic
IDC_STATICD	Caption：销售日期：	CStatic　m_Dstatic
IDC_DATE	无	CStatic　m_Date
IDC_STATICT	Caption：销售时间：	CStatic　m_Tstatic
IDC_TIME	无	CStatic　m_Time
IDC_EDIT1	无	CEdit　m_Yje
IDC_EDIT2	无	CEdit　m_Sje
IDC_EDIT3	无	CEdit　m_Zl
IDC_LIST1	View：Report、Single selection、No label wrap、Client edge	CListCtrl　m_Grid
IDC_BUTTONADD	Caption：添加商品	CButton　m_Add
IDC_BUTTONOK	Caption：确定	CButton　m_Ok

（3）在对话框的 OnInitDialog 方法中设置列表视图控件的表头和显示风格，并设置定时器。代码如下：

```cpp
BOOL COnTheStageDlg::OnInitDialog()
{
    CDialog::OnInitDialog();
    //…此处代码省略
    int x,y;
    //获取屏幕大小
    x = GetSystemMetrics(SM_CXSCREEN);
    y = GetSystemMetrics(SM_CYSCREEN);
    SetWindowPos(NULL,0,0,x,y,SWP_NOMOVE);                  //将对话框大小设置为屏幕大小
    CRect rect;
    GetClientRect(&rect);                                    //获得对话框的客户区域
    m_Grid.MoveWindow(10,70,rect.Width()-150,rect.Height()-90);  //设置列表视图控件的位置和大小
    //设置列表视图的扩展风格
    m_Grid.SetExtendedStyle(LVS_EX_FLATSB                    //扁平风格显示滚动条
        |LVS_EX_FULLROWSELECT                                //允许整行选中
        |LVS_EX_HEADERDRAGDROP                               //允许整列拖动
        |LVS_EX_ONECLICKACTIVATE                             //单击选中项
        |LVS_EX_GRIDLINES);                                  //画出网格线
    //设置表头
    m_Grid.InsertColumn(0,"商品编号",LVCFMT_LEFT,150,0);      //设置商品编号列
    m_Grid.InsertColumn(1,"商品名称",LVCFMT_LEFT,230,1);      //设置商品名称列
    m_Grid.InsertColumn(2,"商品简称",LVCFMT_LEFT,150,2);      //设置商品简称列
    m_Grid.InsertColumn(3,"商品类别",LVCFMT_LEFT,150,3);      //设置商品类别列
    m_Grid.InsertColumn(4,"条 形 码",LVCFMT_LEFT,150,4);      //设置条形码列
    m_Grid.InsertColumn(5,"销售数量",LVCFMT_LEFT,150,5);      //设置销售数量列
    m_Grid.InsertColumn(6,"商品单价",LVCFMT_LEFT,150,6);      //设置商品单价列
    //…此处代码省略
    SetTimer(1,1000,NULL);                                   //设置定时器
    i = 0;
    m_Sum = "";
    return TRUE;
}
```

（4）处理对话框的 WM_TIMER 消息，在该消息的处理函数中获取系统时间，并将系统时间在对话框中显示。代码如下：

```cpp
void COnTheStageDlg::OnTimer(UINT nIDEvent)
{
    CTime time = CTime::GetCurrentTime();                    //设置当前系统时间
    m_Time.SetWindowText(time.Format("%H:%M:%S"));           //将当前系统时间显示在控件中
    CDialog::OnTimer(nIDEvent);
}
```

（5）新建一个对话框资源，打开对话框的属性窗口，将对话框的 ID 设置为 IDD_INSERT_DIALOG，将对话框标题设置为"插入商品"。

（6）向对话框中添加 1 个群组控件、1 个静态文本控件、1 个组合框控件、2 个编辑框控件和 1 个按钮控件，部分控件的属性设置如表 23.11 所示。

表 23.11　部分控件属性设置

控 件 ID	控 件 属 性	对 应 变 量
IDC_EDIT1	无	CString　m_Text
IDC_EDIT2	取消选择 Number 属性	int　m_Num
IDC_COMBO1	取消选择 Sort 属性	CComboBox　m_Combo
IDOK	Caption：确定	无

（7）处理"确定"按钮的单击事件，获得组合框中选中项的索引，关闭对话框。代码如下：

```
void CInsertdlg::OnOK()
{
    UpdateData(TRUE);
    m_Condition = m_Combo.GetCurSel();          //获得组合框中选中项的索引
    CDialog::OnOK();                            //关闭对话框
}
```

（8）处理前台对话框的"添加商品"按钮的单击事件，当按钮按下时调用"插入商品"对话框，并在"插入商品"对话框中设置商品信息，当"插入商品"对话框关闭时将商品插入到前台对话框的列表视图控件中。代码如下：

```
void COnTheStageDlg::OnButtonadd()
{
    CInsertdlg dlg;
    dlg.DoModal();                              //打开"插入商品"对话框
    CString Text,sql,field;
    int Num,Condition;
    Text = dlg.m_Text;                          //获得插入商品数据
    Condition = dlg.m_Condition;                //获得查询字段索引
    Num = dlg.m_Num;                            //获得商品数量
    switch(Condition)
    {
    case 0:
        field = "SPBH";                         //将查询字段设置为 SPBH
        break;
    case 1:
        field = "SPMC";                         //将查询字段设置为 SPMC
        break;
    case 2:
        field = "SPJM";                         //将查询字段设置为 SPJM
        break;
```

```
        case 3:
            field = "TXM";                                              //将查询字段设置为 TXM
            break;
    }
    sql.Format("select * from TB_SHANGPIN where %s='%s'",field,Text);    //设置 SQL 语句
    ADOConn m_AdoConn;                                                   //ADOConn 对象
    m_AdoConn.OnInitADOConn();                                           //连接数据库
    m_AdoConn.m_pRecordset = m_AdoConn.GetRecordSet((_bstr_t)sql);       //通过 SQL 语句进行查询
    if(!m_AdoConn.m_pRecordset->adoEOF)
    {
        CString str,sNum,sum;
        str = (char*)(_bstr_t)m_AdoConn.m_pRecordset->GetCollect("XSJG");  //获得销售价格
        sNum.Format("%d",Num);                                             //将整型转换为字符串型
        sum.Format("%f",Num*atof(str)+atof(m_Sum));                        //计算销售金额
        m_Grid.InsertItem(i,"");                                           //向列表视图控件中插入行
        m_Grid.SetItemText(i,0,(char*)(_bstr_t)m_AdoConn.m_pRecordset->GetCollect("SPBH"));
                                                                           //插入商品编号
        m_Grid.SetItemText(i,1,(char*)(_bstr_t)m_AdoConn.m_pRecordset->GetCollect("SPMC"));
                                                                           //插入商品名称
        m_Grid.SetItemText(i,2,(char*)(_bstr_t)m_AdoConn.m_pRecordset->GetCollect("SPJM"));
                                                                           //插入商品简码
        m_Grid.SetItemText(i,3,(char*)(_bstr_t)m_AdoConn.m_pRecordset->GetCollect("SPLB"));
                                                                           //插入商品类别
        m_Grid.SetItemText(i,4,(char*)(_bstr_t)m_AdoConn.m_pRecordset->GetCollect("TXM"));
                                                                           //插入条形码
        m_Grid.SetItemText(i,5,sNum);                                      //插入销售数量
        m_Grid.SetItemText(i,6,str);                                       //插入销售金额
        m_Sum = sum;
        m_Yje.SetWindowText(m_Sum);                                        //将销售总额显示在"应收金额"编辑框中
        i++;
    }
    else
        MessageBox("该商品不存在");
    m_AdoConn.ExitConnect();                                               //关闭记录集并断开数据库连接
}
```

（9）处理"实收金额"编辑框的 EN_CHANGE 事件，在编辑框中输入数字时自动计算应该找给消费者的余额。代码如下：

```
void COnTheStageDlg::OnChangeEdit2()
{
    CString ysje,ssje,zl;
    m_Yje.GetWindowText(ysje);                    //获得"应收金额"编辑框中的数据
    m_Sje.GetWindowText(ssje);                    //获得"实收金额"编辑框中的数据
    zl.Format("%f",atof(ssje)-atof(ysje));        //计算应找的零钱
    m_Zl.SetWindowText(zl);                       //将计算结果显示在"找零"编辑框中
```

}

（10）处理前台对话框的"确定"按钮的单击事件，当按钮按下时将控件中的数据保存到数据库中。代码如下：

```cpp
void COnTheStageDlg::OnButtonok()
{
    CString ysje,ssje,zl;
    m_Yje.GetWindowText(ysje);                          //获得"应收金额"编辑框中的数据
    m_Sje.GetWindowText(ssje);                          //获得"实收金额"编辑框中的数据
    if(ysje.IsEmpty() || ssje.IsEmpty())                //判断数据不为空
    {
        MessageBox("应收金额和实收金额不能为空");
        return;
    }
    CString sql;
    ADOConn m_AdoConn;                                  //ADOConn 对象
    m_AdoConn.OnInitADOConn();                          //连接数据库
    for(int i=0;i<m_Grid.GetItemCount();i++)
    {
        sql.Format("update TB_DEPOT set SPSL=SPSL-%d where SPBH='%s'",
            atoi(m_Grid.GetItemText(i,5)),m_Grid.GetItemText(i,0));  //设置 SQL 语句
        m_AdoConn.ExecuteSQL((_bstr_t)sql);             //执行 SQL 语句
    }
    m_AdoConn.ExitConnect();                            //断开数据库连接
    Print();                                            //打印小票
    m_Grid.DeleteAllItems();                            //删除列表视图控件中的数据
}
```

23.11 小　　结

通过本章的学习，读者可以进行基于 Oracle 数据库的应用程序开发，并且可以掌握一些常用的数据库操作语句，如 INSERT INTO、UPDATE 和 DELETE 语句等，还可以掌握基于对话框的打印技术。

第 24 章　VC++ + Oracle 实现汽配管理系统

随着我国宏观经济和人民生活水平的提高，人们已不满足于小康水平，许多家庭和个人都拥有了自己的轿车。与汽车相关的服务行业，如汽车美容、汽车维护得到了很大发展。本章将为汽车维护企业开发一套汽配管理系统。

> **学习摘要**：
> - ☑ 汽配管理系统设计思路与开发流程
> - ☑ 分析并设计数据库
> - ☑ 主明细表结构分析
> - ☑ 制作特色按钮类
> - ☑ 制作扩展组合框类

24.1　开发背景

某科技有限公司开发的汽配管理系统是一套对汽车配件进货、销售、库存、退货、付款和收款进行全面管理的系统。该系统通过对配件经营中所产生的数据进行采集、分析、整理，以及时准确的数据结果反映给经营者，实现了经营管理的计划性。

该系统集配件管理信息的采集、存储、统计等各种处理为一体，各种操作都可以通过菜单进行，部分常用功能还提供了快捷工具条。操作快捷、方便，性能高效、强大，使用易懂、易会。

24.2　系统分析

根据上面系统功能描述，可以定义如下分析。

1. 系统目标

使用计算机帮助汽配销售人员快速、准确地完成订单处理、配件销售、库存反馈等日常业务。

2. 系统处理范围

系统的处理范围包括日常业务、库存管理、查询统计、基础信息、系统管理。

24.3 系统设计

24.3.1 系统功能结构

根据 24.2 节描述的系统功能，规划系统结构如图 24.1 所示。

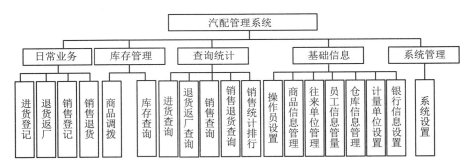

图 24.1 系统功能结构

24.3.2 系统预览

汽配管理系统由多个窗体组成，下面仅列出几个典型窗体，其他窗体参见资源包中的源程序。

系统主窗体的运行效果如图 24.2 所示。主要功能是调用执行本系统的所有功能。

图 24.2 汽配管理系统主窗体

系统登录窗体的运行效果如图 24.3 所示。主要用于限制非法用户进入系统内部。

商品信息管理窗体的运行效果如图 24.4 所示。主要功能是对商品信息进行增、删、改操作。在本系统中不能直接调用商品信息管理模块，实现商品信息管理，需要调用商品信息查询模块，在该模块中双击表格，将调用商品信息管理模块。

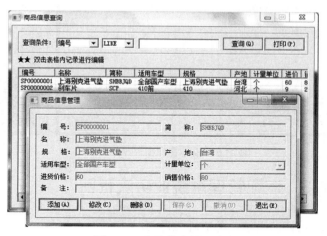

图 24.3　系统登录窗体　　　　　　　　　图 24.4　商品信息管理窗体

进货管理窗体的运行效果如图 24.5 所示。主要功能是汽车配件进行入库登记，修改商品库存，进行业务结款操作。

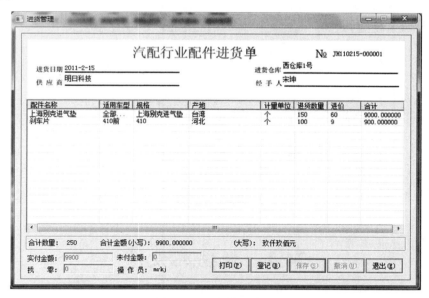

图 24.5　进货管理窗体

销售管理窗体的运行结果如图 24.6 所示。主要功能是实现汽车配件的销售，减少商品库存，进行销售结算。

销售查询窗体的运行结果如图 24.7 所示。主要功能是根据销售时间、销售商品等条件查询销售信息。

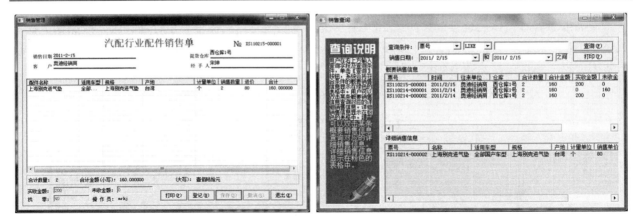

图 24.6　销售管理窗体　　　　　　　图 24.7　销售查询窗体

24.3.3　汽配管理系统业务流程图

汽配管理系统业务流程如图 24.8 所示。

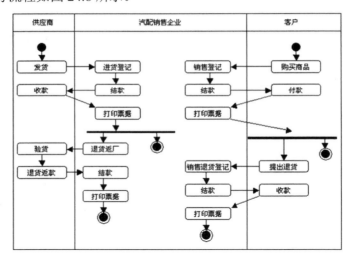

图 24.8　汽配管理系统业务流程

24.4　数据库设计

24.4.1　数据库概要说明

在汽配管理系统中，采用的是 Oracle 数据库，用来存储商品入库信息、商品销售信息、商品库存信息、操作员信息等。这里将数据库命名为 ORCL_SK，共包含 20 张数据表和 15 个视图，均位于 SK 方案下，如图 24.9 所示。

图 24.9　数据库结构

24.4.2　数据库逻辑设计

汽配管理系统共使用了 20 张数据表，由于篇幅关系，这里只给出主要数据表结构，其他数据表请参考资源包中的数据库。

☑　操作员信息表

操作员信息表用于存储登录用户信息，例如用户名和密码等。操作员信息表结构如图 24.10 所示。

☑　商品信息表

商品信息表用于存储商品相关信息，商品信息表结构如图 24.11 所示。

名称	数据类型	大小	小数位	可否为空？	默认值
编号	NUMBER	10	0		
员工编号	NUMBER	10	0		
用户名	VARCHAR2	50			
密码	VARCHAR2	50			

图 24.10　操作员信息表

名称	数据类型	大小	小数位	可否为空？	默认值
编号	VARCHAR2	50			
名称	VARCHAR2	50			
简称	VARCHAR2	20			
适用车型	VARCHAR2	50			
规格	VARCHAR2	50			
产地	VARCHAR2	100			
单位	NUMBER	10	0		
进价	FLOAT	10			
销售价格	FLOAT	10			
备注	VARCHAR2	100		✔	

图 24.11　商品信息表

☑　库存信息表

库存信息表记录商品的库存信息，例如记录商品库存数量。库存信息表结构如图 24.12 所示。

☑　进货信息表

进货信息表记录商品的入库信息，例如记录商品进货时间、合计数量、合计金额、经手人等信息。进货信息表结构如图 24.13 所示。

图 24.12　库存信息表

图 24.13　进货信息表

☑　进货明细表

进货明细表记录商品的入库明细，例如记录入库的商品编号、进货单价、进货数量等信息。进货明细表结构如图 24.14 所示。

图 24.14　进货明细表

☑　销售信息表

销售信息表用于记录销售的主要信息，例如销售票号、销售金额、操作员、经手人等信息。销售信息表结构如图 24.15 所示。

☑　销售明细表

销售明细表用于记录销售的商品明细，例如商品编号、销售单价、销售数量等信息。销售明细表结构如图 24.16 所示。

图 24.15　销售信息表

图 24.16　销售明细表

24.5 公共模块设计

24.5.1 数据库操作类 RxADO 的设计

在汽配管理系统中,许多地方都需要涉及对数据库进行操作。为了方便对数据库进行操作,笔者设计了一个 RxADO 类。

1. 功能分析

RxADO 类主要实现以下功能:
- ☑ 能够实现连接数据库。
- ☑ 获取记录集记录数量。
- ☑ 自动生成编号。
- ☑ 获取数据库错误。
- ☑ 根据数据表名称和查询字段返回指定的字段值等功能。

2. 开发过程

下面分析 RxADO 类的程序代码。

RxADO 类数据成员和成员函数声明如下:

```
class RxADO
{
public:
    void Close();
    _ConnectionPtr cnn;                                          //定义 ADO 连接对象
    _ConnectionPtr GetConnection();                              //获取 ADO 连接对象
    RxRecordset record;                                          //定义记录集对象
    //自动生成编号
    CString AutoNumber(CString sTable, CString sFieldName, CString sCode, int nStyle=1);
    int GetRecordCount(_RecordsetPtr pRst);                      //获取记录集数量
    void GetADOErrors(_com_error eErrors)   ;                    //获取错误信息
    CString FieldToOtherField(CString cDataBaseName, CString cFieldName, CString cValue,
        CString cReturnField, int nStale);                       //返回指定字段的查询结果
    bool SetConnection(CString LinkString)   ;                   //连接数据库
    RxADO();                                                     //构造函数
    virtual ~RxADO();                                            //析构函数
};
```

> **注意**
>
> 为了能够使用 ADO 中的_ConnectionPtr 连接对象、_RecordsetPtr 记录集对象,需要在程序中导入 msado15.dll 动态链接库。通常在程序中的 StdAfx.h 头文件中编写如下代码导入 msado15.dll 动态链接库。如果操作系统没有安装在 C 盘,需要调整 msado15.dll 文件的路径。

```cpp
#import "c:\Program Files\Common Files\System\ADO\msado15.dll" rename("EOF", "_EOF")
using namespace ADODB;
```

SetConnection 成员函数用于根据参数提供的字符串连接数据库。

```cpp
bool RxADO::SetConnection(CString LinkString)
{
    ::CoInitialize(NULL);                                           //初始化 COM 库
    cnn=NULL;
    cnn.CreateInstance(__uuidof(Connection));                       //创建实例
    cnn->ConnectionString=(_bstr_t)LinkString;                      //设置连接对象的连接字符串
    try{
    cnn->Open(L"",L"",L"",adConnectUnspecified);                    //调用 Open 方法开发数据库的连接
    }
    catch(_com_error& e)                                            //异常捕捉
    {
        ErrorsPtr pErrors=cnn->GetErrors();
        if (pErrors->GetCount()==0)
        {
            CString ErrMsg=e.ErrorMessage();
            MessageBox(NULL,"发生错误:\n\n"+ErrMsg,"系统提示",MB_OK|MB_ICONEXCLAMATION);
            return false;
        }
        else
        {
            for (int i=0;i<pErrors->GetCount();i++)
            {
                _bstr_t desc=pErrors->GetItem((long)i)->GetDescription();
                MessageBox(NULL,"发生错误:\n\n"+desc,"系统提示",MB_OK|MB_ICONEXCLAMATION);
                return false;
            }
        }
    }
    return true;
}
```

GetRecordCount 成员函数用于获取记录集的记录数量。

```cpp
int RxADO::GetRecordCount(_RecordsetPtr pRst)
{
    int nCount=0;                                                   //定义临时变量
    try{
        pRst->MoveFirst();                                          //移动到首行
    }
    catch(...)
    {
        return 0;
```

```
    }
    if(pRst->_EOF)
        return 0;
    while (!pRst->_EOF)                                       //逐一向下移动
    {
        pRst->MoveNext();
        nCount=nCount+1;                                      //记录数量
    }
    pRst->MoveFirst();
    return nCount;                                            //返回结果
}
```

AutoNumber 成员函数用于自动生成编号。例如程序中需要使用的进货票号、销售票号等都是通过该成员函数来生成的。

```
CString RxADO::AutoNumber(CString sTable, CString sFieldName, CString sCode, int nStyle)
{
    _RecordsetPtr AutoNumberrst;                              //定义一个记录集对象
    CString sTempNewNumber,sNewNumber,sSQL,sMaxNumber,sOldNumber;
    AutoNumberrst.CreateInstance(__uuidof(Recordset));        //实例化记录集对象
    sSQL.Format("SELECT MAX(%s) as 最大编号 FROM %s",sFieldName,sTable);    //查找最大编号
    try{
    AutoNumberrst=cnn->Execute((_bstr_t)sSQL,NULL,adCmdText); //执行 SQL 语句
    }
    catch(_com_error & e)
    {
        GetADOErrors(e);
    }
    if(nStyle==1)                                             //数字编号
    {
        if(GetRecordCount(AutoNumberrst)<1)                   //返回结果为 0
            sNewNumber.Format("1");                           //返回结果为 0
        else
        {
            AutoNumberrst->MoveFirst();
            _variant_t vtext;
            vtext=AutoNumberrst->GetCollect("最大编号");      //获取最大编号
            if(vtext.vt==VT_EMPTY||vtext.vt==VT_NULL)
            {
                sNewNumber.Format("1");
                goto end;
            }
            sMaxNumber=(char*)(_bstr_t)AutoNumberrst->GetCollect("最大编号");
            sNewNumber.Format("%d",atoi(sMaxNumber)+1);       //在最大编号的基础上加1生成新的编号
        }
    }
```

```cpp
        if(nStyle==2)                                                    //流水账号
        {
            if(GetRecordCount(AutoNumberrst)<1)                          //返回结果为0
                sNewNumber.Format("%s00000001",sCode);                   //生成一个固定编号
            else
            {
                AutoNumberrst->MoveFirst();
                _variant_t _bOldNumber=AutoNumberrst->GetCollect("最大编号");  //获取最大编号
                if(_bOldNumber.vt==VT_NULL || _bOldNumber.vt==VT_EMPTY)
                {
                    sNewNumber.Format("%s00000001",sCode);
                    goto end;
                }
                sOldNumber=(char*)(_bstr_t) _bOldNumber;
                sMaxNumber=sOldNumber.Mid(3);
                sTempNewNumber.Format("%d",atoi(sMaxNumber)+1);          //生成一个新的编号
                sNewNumber.Format("%s%s",sCode,Padl(sTempNewNumber,8,"0",1));  //格式化编号
            }
        }
        if(nStyle==3)                                                    //日期时间编号
        {
            //…代码省略
        }
end:    return sNewNumber;
}
```

FieldToOtherField 成员函数用于根据数据表名称和查询字段返回指定的字段值,也就是能够动态地获取查询结果。

```cpp
CString RxADO::FieldToOtherField(CString cDataBaseName, CString cFieldName, CString cValue,
CString cReturnField, int nStale=1)
{
    CString sSQL,sRTValue;
    _RecordsetPtr Fieldrst;
    Fieldrst.CreateInstance(__uuidof(Recordset));
    if(nStale==1)                                                        //字符字段返回字符字段
        sSQL.Format("SELECT * FROM %s WHERE %s='%s'",cDataBaseName,cFieldName,cValue);
    if(nStale==2)                                                        //数值字段返回字符字段
        sSQL.Format("SELECT * FROM %s WHERE %s=%s",cDataBaseName,cFieldName,cValue);
    if(nStale==3)                                                        //日期字段返回字符字段
        sSQL.Format("SELECT * FROM %s WHERE %s= to_date('%s',
            'yyyy-mm-dd')",cDataBaseName,cFieldName,cValue);
    _variant_t vValue;
    try{
        Fieldrst=cnn->Execute((_bstr_t)sSQL,NULL,adCmdText);              //执行 SQL 语句
        if(GetRecordCount(Fieldrst)<=0)                                   //没有查询结构,返回空
```

```
                return "";
        vValue =Fieldrst->GetCollect((_bstr_t)cReturnField);      //获取查询结果
        if(vValue.vt==VT_EMPTY)
                return "";
        sRTValue=(char*)(_bstr_t)vValue;
        sRTValue.TrimRight();                                      //去除字符串右边空格
        sRTValue.TrimLeft();                                       //去除字符串左边空格
    }
    catch(_com_error&e)                                            //异常捕捉
    {
        TRACE(e.Description());                                    //输出错误信息
        GetADOErrors(e);
        return "";
    }
    return sRTValue;                                               //返回字段值
}
```

24.5.2 特殊按钮类 CBaseButton 类的制作

按钮是程序开发中最常使用的控件之一，它的好坏，可直接影响界面的美观。笔者考虑至此，所以制作了 CBaseButton 按钮类，用它声明的对象实例，可以有非常漂亮的外观，如图 24.17 所示。

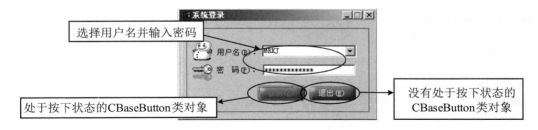

图 24.17　CBaseButton 类对象实例

1. 功能分析

按钮可以有几种状态，包括鼠标按下、鼠标没有按下、获得焦点、失效等，当按钮处于不同的状态时做不同的动作，便可以实现特色按钮。例如，在本程序中，当按钮没被按下时，显示图片 IDC_BUT_NUMAL；当鼠标被按下时，显示 IDC_BUT_DOWN；当按钮失效时，显示 IDC_BUT_ENABLED；如果按钮获得焦点，就在按钮上绘制一个红色的虚线矩形。原理就这么简单！

2. 开发过程

CButton 类提供了重新绘制按钮的虚函数 DrawItem，通过它，可以将按钮绘制成任意形状，DrawItem 函数的参数是 LPDRAWITEMSTRUCT 类型，这个指针包含了按钮的相关信息。

根据制作按钮类的实际情况，需要考虑以下两个问题：

☑ 除了默认为按钮指定 3 张图片外（鼠标按下、鼠标没有按下和按钮失效），还应该提供使用其他图片的接口。

☑ 按钮不一定是矩形的,可能是其他任何形状。

第一个问题很好解决,在构造函数中,默认设置 3 张图片的资源 ID,如果有需要就让用户重新添入 3 张图片的资源 ID 就可以了。

第二个问题稍微复杂点,需要进行图像透明处理。程序中 Drawit 成员函数就是做图像透明处理用的。

整理一下,抽象出类的原型:

```cpp
class CBaseButton : public CButton                              //从 CButton 类派生一个子类
{
public:
    CBaseButton(UINT NomalPic=IDB_BUT_UP,UINT DownPic=IDB_BUT_DOWN,\
    UINT EnablePic=IDB_BUT_ENABLED);                            //定义构造函数
    bool Drawit(CDC* pDC,UINT ResID);                           //绘制按钮
    virtual void DrawItem(LPDRAWITEMSTRUCT lpDrawItemStruct);   //改写 DrawItem 方法
    virtual ~CBaseButton();
private:
    UINT m_DownPic;
    UINT m_NomalPic;
    UINT m_EnablePic;
};
```

在构造函数中,为按钮的 3 种状态赋值。

```cpp
CBaseButton::CBaseButton(UINT NomalPic,UINT DownPic,UINT EnablePic)
{
    m_DownPic=DownPic;
    m_NomalPic=NomalPic;
    m_EnablePic=EnablePic;
}
```

Drowit 成员函数主要绘制按钮表面的图像。

```cpp
bool CBaseButton::Drawit(CDC *pDC, UINT ResID)
{
    CDC memDC;                                  //定义内存画布
    CBitmap bit;                                //定义位图对象
    BITMAP bitstruct;                           //定义位图信息对象,用于获取位图宽度和高度
    bit.LoadBitmap(ResID);                      //加载位图
    bit.GetBitmap(&bitstruct);                  //获取位图信息
    memDC.CreateCompatibleDC(pDC);              //创建兼容的内存设备上下文
    memDC.SelectObject(&bit);                   //载入位图对象
    //绘制图像
    pDC->BitBlt(0,0,bitstruct.bmWidth,bitstruct.bmHeight,&memDC, 0, 0, SRCCOPY);
    memDC.DeleteDC();                           //释放内存画布
    bit.DeleteObject();                         //释放位图对象
    return true;
}
```

准备工作完成，改写 DrawItem 函数重绘按钮。

```cpp
void CBaseButton::DrawItem(LPDRAWITEMSTRUCT lpDrawItemStruct)
{
    CDC* pDC;
    pDC=CDC::FromHandle(lpDrawItemStruct->hDC);           //获取按钮的设备上下文
    UINT state=lpDrawItemStruct->itemState;               //获取按钮状态
    CRect focRect,rect=lpDrawItemStruct->rcItem;          //获取按钮区域
    focRect.left=rect.left+3;
    focRect.right=rect.right-3;
    focRect.top=rect.top+3;
    focRect.bottom=rect.bottom-3;
    pDC->SetBkMode(TRANSPARENT);                          //设置透明的背景模式
    CString sCaption;
    this->GetWindowText(sCaption);                        //获取按钮标题
    if(state&ODS_SELECTED)                                //按钮处于选中状态
    {
        Drawit(pDC,m_DownPic);                            //绘制指定的按钮图像
        pDC->SetTextColor(RGB(255,100,100));              //设置按钮的文本颜色
    }
    else
    {
        Drawit(pDC,m_NomalPic);                           //绘制指定的按钮图像
        pDC->SetTextColor(RGB(255,255,155));              //设置按钮的文本颜色
    }
    if(state&ODS_FOCUS)                                   //获得焦点
    {
        pDC->DrawFocusRect(&focRect);
        lpDrawItemStruct->itemAction=ODA_FOCUS ;
    }
    if(state&ODS_DISABLED)                                //失效
    {
        Drawit(pDC,m_EnablePic);
        pDC->SetTextColor(RGB(96,96,96));
    }
    //绘制按钮文本
    pDC->DrawText(sCaption,rect,DT_CENTER|DT_VCENTER|DT_SINGLELINE);
}
```

现在按钮绘制完成，当按钮的 Owner Draw 属性被设置为 TRUE 时，普通的按钮就会变成非常漂亮的按钮了。不过还存在一个问题：这时的按钮并没有回车响应，没关系，只要截获回车按下和抬起的消息就可以了。

```cpp
BOOL CBaseButton::PreTranslateMessage(MSG* pMsg)
{
    //截获回车键按下事件
```

```
        if(pMsg->hwnd==this->GetSafeHwnd()&&pMsg->message==WM_KEYDOWN && pMsg->wParam==13)
        {
            pMsg->lParam=0;
            pMsg->message=WM_LBUTTONDOWN;
        }
        //截获回车键释放事件
        if(pMsg->hwnd==this->GetSafeHwnd()&&pMsg->message==WM_KEYUP && pMsg->wParam==13)
        {
            pMsg->lParam=0;
            pMsg->message=WM_LBUTTONUP;
        }
        return CButton::PreTranslateMessage(pMsg);
}
```

24.5.3 扩展的组合框 CBaseComboBox 类

在程序中,很多地方都使用了图 24.18 所示的组合框。

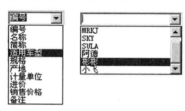

图 24.18 CBaseComboBox 类对象

从图中可以看到,第一个(左)组合框中列出的都是字段名,而第二个(右)组合框中列出的都是某字段的值。在程序中,笔者是用 CBaseComboBox 类实现。

1. 功能分析

CBaseComboBox 类派生于 CComboBox,在 CComboBox 原有功能的基础上,增加了下列功能:

- ☑ 建立与数据表连接。
- ☑ 按回车时将焦点移动到下一个控件上。
- ☑ 如果在列表中添加的是字段名,当选中列表中某项时,m_CurrentFieldType 成员变量将返回所选项在数据表中的数据类型。

2. 开发过程

CBaseComboBox 抽象原型如下:

```
class CBaseComboBox : public CComboBox
{
public:
    CBaseComboBox();
public:
    CString m_CurrentFieldType;                //记录所选字段类型的变量
    void SetRecordset(RxRecordset rs, CString Field="_BASECOMBOBOX_ALL");
```

```
    virtual ~CBaseComboBox();
private:
    RxRecordset rst;
};
```

SetRecordset 成员函数是与数据库连接的关键，参数 rs 是数据集对象，Field 是需要显示在列表中的字段名，如果缺省，系统将会把数据表中所有字段名显示在列表中。

```
void CBaseComboBox::SetRecordset(RxRecordset rs, CString Field)
{
    CString sText;
    int m=rs.GetRecordCount();                  //获取记录集数量
    rs.MoveFirst();
    if(Field=="_BASECOMBOBOX_ALL")              //将字段名列出
    {
        for(int i=0;i<rs.GetFieldCount();i++)
        {
            sText=rs.GetFieldName(i);           //获取字段名称
            this->AddString(sText);             //将字段名称添加到组合框中
        }
    }
    Else                                        //获取字段值
    {
        for(int i=0;i<rs.GetRecordCount();i++)
        {
            rs.Move(i);
            sText=rs.GetFieldValue(Field);      //获取字段值
            this->AddString(sText);             //将字段值添加到组合框中
        }
    }
    rst=rs;
}
```

重载 PreTranslateMessage 虚函数，增加按回车后将焦点移动到下一个控件的功能。

```
BOOL CBaseComboBox::PreTranslateMessage(MSG* pMsg)
{
    if(pMsg->message==WM_KEYDOWN && pMsg->wParam==13)
        pMsg->wParam=9;                         //将回车键转换为 Tab 键
    return CComboBox::PreTranslateMessage(pMsg);
}
```

分别增加组合框的 CBN_SELCHANGE 和 CBN_EDITCHANGE 两个消息的响应事件，当用户在列表中选择或输入一个字段名时，记录数据表中改字段的数据类型。

```
void CBaseComboBox::OnSelchange()
{
```

```
        m_CurrentFieldType=rst.GetFieldType(this->GetCurSel());
}
void CBaseComboBox::OnEditchange()
{
        m_CurrentFieldType=rst.GetFieldType(this->GetCurSel());
}
```

24.6 主窗体设计

24.6.1 主窗体模块概述

汽配管理系统主窗体由菜单栏、工具栏、客户区和状态栏 4 部分组成。其中，菜单栏部分列出汽配管理系统的所有功能，它主要起到导航的作用。工具栏部分用于对系统的主要功能进行快速导航。客户区部分由一幅图片填充，用于美化界面。状态栏部分用于显示用户企业的名称、当前登录的操作员等信息。汽配管理系统主窗体效果如图 24.19 所示。

图 24.19　汽配管理系统主窗体

24.6.2 主窗体实现过程

1．创建工程

（1）创建一个单文档视图结构的应用程序，工程名称为 qpglxt。

（2）在应用程序向导步骤 6 中，选择视图类（CMyView），修改 Class name 为 CMyView；修改 Header file 为 MyView.h；修改 Base class 为 CScrollView；修改 Implementation file 为 MyView.cpp，如图 24.20 所示。

(3) 在图 24.20 中选择文档类（CQpglxtDoc），修改 Class name 为 CMyDoc，修改 Header file 为 MyDoc.h，修改 Implementation file 为 MyDoc.cpp，如图 24.21 所示。

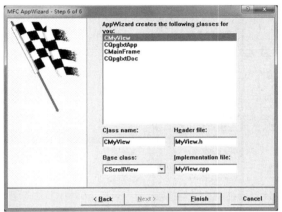
图 24.20　修改视图类

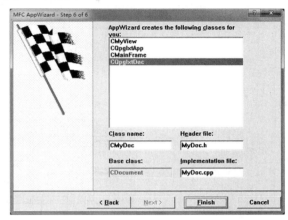
图 24.21　修改文档类

(4) 单击 Finish 按钮完成工程的创建。

说明：汽配管理系统虽然采用文档视图结构，但是并没有将其（文档视图结构中的框架对象）作为应用程序的主窗口。本系统使用文档视图结构的目的是为了方便实现打印功能。但是当前运行工程，会将框架对象作为程序的主窗口。在 24.7 节介绍系统登录模块时笔者会介绍如何隐藏框架对象。

2．对话框设计

(1) 在工作区的类视图窗口中创建一个对话框类 CDMain，基类为 CDialog，如图 24.22 所示。

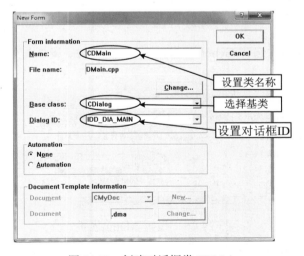
图 24.22　创建对话框类 CDMain

(2) 选中对话框，去除对话框中的按钮，按回车键打开对话框属性（Dialog Properties）窗口，如图 24.23 所示。

(3) 在图 24.23 中切换到 Styles 选项卡，如图 24.24 所示。

图 24.23　对话框属性窗口

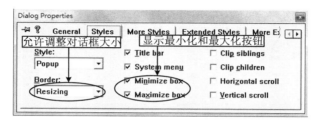

图 24.24　Styles 选项卡

3．菜单设计

在工作区的资源视图窗口中创建一个菜单资源，资源 ID 为 IDR_MAIN，效果如图 24.25 所示。

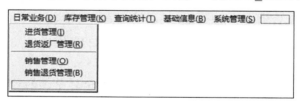

图 24.25　汽配管理系统菜单

再次打开对话框属性窗口，选择 General 选项卡，设置 Menu 属性为菜单资源 ID——IDR_MAIN，如图 24.26 所示。

图 24.26　设置 Menu 属性

这样在主窗体中就可以显示菜单栏了。对于主窗体中的工具栏、状态栏和客户区域，是通过代码实现的，实现方式请看下面的代码设计部分。

4．代码设计

实现工具栏和状态栏的创建。

（1）在对话框类 CDMain 中添加 3 个私有成员变量，分别表示工具栏、状态栏和图像列表对象。

```cpp
private:
    CToolBarCtrl m_ToolBar;            //定义工具栏对象
    CImageList m_ImageList;            //定义图像列表
    CStatusBar m_StatusBar;            //定义状态栏对象
```

（2）在对话框的 OnInitDialog 方法中创建工具栏和状态栏。

```cpp
BOOL CDMain::OnInitDialog()
{
    CDialog::OnInitDialog();
    int nICO[16]={IDI_ICON1,IDI_ICON1,IDI_ICON2,IDI_ICON3,IDI_ICON3,
        IDI_ICON4,IDI_ICON5,IDI_ICON6,IDI_ICON6,IDI_ICON7,IDI_ICON8,IDI_ICON9,IDI_ICON9,I
        DI_ICON10,IDI_ICON10,IDI_ICON11};
    TBBUTTON button[16];
    int i=0,nStringLength;
    CString string;
    TCHAR * pString;
    //建立 ImageList 对象及 ToolBar 对象
    m_ImageList.Create(32,32,ILC_COLOR32|ILC_MASK,0,0);          //创建一个图像列表框
    m_ToolBar.Create(WS_CHILD|WS_VISIBLE,CRect(0,0,0,0),this, AFX_IDW_TOOLBAR);
    //向 ImageList 对象中添加资源图标
    for(i=0;i<16;i++)
    {
        //向图像列表框中添加图片
        m_ImageList.Add(::LoadIcon(::AfxGetResourceHandle(),MAKEINTRESOURCE(nICO[i])));
    }
    m_ToolBar.SetImageList(&m_ImageList);                        //为工具栏关联图像列表
    for(i=0;i<11;i++)
    {
        button[i].dwData=0;
        button[i].fsState=TBSTATE_ENABLED;
        if(i!=1 && i!=4&&i!=8&&i!=12&&i!=14)
            button[i].fsStyle=TBSTYLE_BUTTON ;                   //设置普通按钮风格
        else
            button[i].fsStyle=TBSTYLE_SEP;                       //设置分隔条风格
        button[i].iBitmap=i;                                     //设置按钮图像索引
        string.LoadString(i + IDS_STR_TOOLBAR1);                 //装载字符串资源，如图 24.27 所示
        //为每一个字符串再加一个'\0',用于向工具栏里加字符串
        nStringLength= string.GetLength() + 1;
        pString = string.GetBufferSetLength(nStringLength);
        //返回刚加的字符串的编号
        button[i].iString =m_ToolBar.AddStrings(pString);        //设置按钮文本
        string.ReleaseBuffer();
    }
```

```
button[0].idCommand=IDM_XTGL_XTSZ;
button[2].idCommand=IDM_JCXX_SPXXGL;
button[3].idCommand=IDM_JCXX_CKXXGL;
button[5].idCommand=IDM_RCYW_JHDJ;
button[6].idCommand=IDM_RCYW_XSDJ;
button[7].idCommand=IDM_RCYW_XSTH;
button[9].idCommand=IDM_KCGL_KCCX;
button[10].idCommand=IDM_KCGL_THGL;
```
设置按钮命令 ID，设置命令 ID 对应于相关菜单项的命令 ID

```
m_ToolBar.AddButtons(11,button);              //向工具栏中添加工具栏按钮
m_ToolBar.SetButtonSize(CSize(60, 60));       //设置工具栏按钮大小
m_ToolBar.SetStyle(TBSTYLE_FLAT|CCS_TOP);     //设置工具栏按钮的扁平风格

BOOL ret = m_StatusBar.CreateEx(this);        //创建状态栏
UINT IDS[5] = {1001, 1002, 1003, 1004, 1005}; //定义状态栏面板 ID
CString sText;
sText="操作员:【"+OP+"】";
m_StatusBar.SetIndicators(IDS, sizeof(IDS)/sizeof(UINT));//向状态栏中添加面板

m_StatusBar.SetPaneInfo(0, IDS[0], SBPS_NORMAL, 180);
m_StatusBar.SetPaneInfo(1, IDS[1], SBPS_NORMAL, 80);
m_StatusBar.SetPaneInfo(2, IDS[2], SBPS_NORMAL, 80);
m_StatusBar.SetPaneInfo(3, IDS[3], SBPS_NORMAL, 120);
m_StatusBar.SetPaneInfo(4, IDS[4], SBPS_NORMAL, 35565);
```
设置状态栏面板宽度

```
m_StatusBar.SetPaneText(0, "吉林省明日科技有限公司");    //设置状态栏面板文本
m_StatusBar.SetPaneText(3, sText);
SetWindowText("汽配销售管理系统 V2.02 单机版--"+sText);  //设置窗口标题栏文本
//显示状态栏
RepositionBars(AFX_IDW_CONTROLBAR_FIRST, AFX_IDW_CONTROLBAR_LAST, 0);
m_ToolBar.SendMessage(WM_MOUSEMOVE);          //防止第一个工具栏按钮默认时凸起显示
return TRUE;
}
```

IDS_STR_TOOLBAR1	57610	系统设置
IDS_STR_TOOLBAR2	57611	-
IDS_STR_TOOLBAR3	57612	商品信息
IDS_STR_TOOLBAR4	57613	仓库信息
IDS_STR_TOOLBAR5	57614	-
IDS_STR_TOOLBAR6	57615	进货管理
IDS_STR_TOOLBAR7	57616	销售管理
IDS_STR_TOOLBAR8	57617	销售退货
IDS_STR_TOOLBAR9	57618	-
IDS_STR_TOOLBAR10	57619	库存查询
IDS_STR_TOOLBAR11	57620	调拨管理

图 24.27　字符串资源表格

（3）处理对话框的 WM_SIZE 消息，在消息处理函数中调整状态栏和工具栏的大小以适应窗口的大小。

```
void CDMain::OnSize(UINT nType, int cx, int cy)
```

```
{
    CDialog::OnSize(nType, cx, cy);
    //调整状态栏大小
    RepositionBars(AFX_IDW_CONTROLBAR_FIRST, AFX_IDW_CONTROLBAR_LAST, 0);
    if (IsWindow(m_ToolBar.m_hWnd))
    {
        m_ToolBar.AutoSize();                //调整工具栏大小
    }
    Invalidate();
}
```

这样，工具栏和状态栏的创建就完成了。下面介绍客户区域的设计过程。

在对话框的 OnPaint 方法中加载位图，将位图输出到窗口中。

```
void CDMain::OnPaint()
{
    CPaintDC pDC(this);
    CBitmap bit;                         //定义位图对象
    CDC memDC;                           //定义内存画布
    CRect rect;
    this->GetClientRect(&rect);          //获取窗口客户区域
    bit.LoadBitmap(IDB_BLK_BIG);         //加载位图
    BITMAP bmpInfo;                      //定义位图信息对象，为了获取位图高度和宽度
    bit.GetBitmap(&bmpInfo);             //获取位图信息
    int imgWidth = bmpInfo.bmWidth;      //获取位图宽度
    int imgHeight = bmpInfo.bmHeight;    //获取位图高度
    memDC.CreateCompatibleDC(&pDC);      //创建兼容的设备上下文
    memDC.SelectObject(&bit);            //载入位图
    //将位图输出到窗口客户区域
    pDC.StretchBlt(0,60,rect.Width(),rect.Height()-30,&memDC,0,0,imgWidth,imgHeight,SRCCOPY);
    memDC.DeleteDC();                    //释放内存画布
    bit.DeleteObject();                  //释放位图对象
}
```

至此，主窗口的设计就完成了。

24.7 系统登录模块设计

24.7.1 系统登录模块概述

为了防止非法用户进入系统，在汽配管理系统启动时会首先显示一个登录窗体。让用户输出用户名和密码，只有用户名和密码通过验证后才能够进入主窗体。系统登录窗体运行效果如图 24.28 所示。

图 24.28 系统登录窗体

24.7.2 系统登录模块逻辑分析

系统登录模块主要涉及"操作员信息表"一张数据表。实现逻辑比较简单。根据用户输出的用户名从"操作员信息表"中查询用户密码，比较用户输入的密码和程序返回的密码是否一致，如果一致则验证成功，进入主窗体，否则验证失败，记录验证失败的次数，如果验证失败次数超过 3 次，则退出系统。

24.7.3 系统登录模块实现过程

1．对话框设计

系统登录模块的窗体设计步骤如下：

（1）创建一个对话框类，类名为 CDLOGIN。
（2）向对话框中添加按钮、组合框、图像和静态文本控件。
（3）设置控件属性，如表 24.1 所示。

表 24.1 控件属性设置

控件 ID	控 制 属 性	对 应 变 量
IDC_STATIC	Type：Icon Image：IDI_LOG_PEO	
IDC_STATIC	Type：Icon Image：IDI_LOG_LOGIN	
ID_LOG_COMNAME	Type：Drop List	CBaseComboBox m_ComName
ID_LOG_BUTLOGIN	Caption：登录(&L) Owner draw：true	CBaseButton m_ButLogin
ID_LOG_BUTEXIT	Caption：退出(&E) Owner draw：true	CBaseButton m_ButExit

2．代码设计

（1）在对话框的 OnInitDialog 方法中将"操作员信息表"中的用户名添加到组合框中。

```
BOOL CDLOGIN::OnInitDialog()
{
    CDialog::OnInitDialog();
    rst.Open("操作员信息表");                    //从数据表中查询数据
    if(rst.GetRecordCount()<1)                   //是否有数据返回
    {
```

```
            this->OnCancel();
            OP="无操作员";
            CDMain dlg;                                    //如果没有数据返回，则直接进入主窗体
            dlg.DoModal();
        }
        else
            m_ComName.SetRecordset(rst,"用户名");           //将用户名字段内容显示在组合框中
    return TRUE;
}
```

（2）处理"登录"按钮的单击事件，验证用户名和密码。

```
void CDLOGIN::OnLogButlogin()
{
    CString sSQL,sPwd,sOldPwd,sUserName;
    m_EdtPwd.GetWindowText(sPwd);                          //获取用户密码
    if(nTryTime>=3)                                        //如果超过3次输入密码错误，结束对话框
    {
        MessageBox("对不起！您不能登录本系统，请与管理员联系!","系统提示",MB_OK|MB_ICONSTOP);
        this->OnCancel();
        return;
    }
    m_ComName.GetWindowText(sUserName);                    //获取用户名称
    //根据用户名称查询密码
    sOldPwd=ado.FieldToOtherField("操作员信息表","用户名",sUserName,"密码",1);
    if(sOldPwd.IsEmpty())                                  //判断是否有密码被返回
    {
        MessageBox("您输入的用户不存在!请重新输入!","系统提示",MB_OK|MB_ICONSTOP);
        m_ComName.SetFocus();
        nTryTime=nTryTime+1;
        return;
    }
    if(sOldPwd==sPwd)                                      //比较密码，如果密码一致则进入主窗体
    {
        this->OnCancel();
        CDMain dlg;
        OP=sUserName;
        dlg.DoModal();
    }
    else                                                   //如果密码不一致，则弹出提示，并累加错误验证计数
    {
        MessageBox("您输入的密码不正确！请重试！","系统提示",MB_OK|MB_ICONSTOP);
        m_EdtPwd.SetWindowText("");
        m_EdtPwd.SetFocus();
        nTryTime=nTryTime+1;
    }
}
```

（3）处理"退出"按钮的单击事件，如果用户单击"退出"按钮，将关闭对话框，进而结束应用程序。

```
void CDLOGIN::OnLogButexit()
{
    this->OnCancel();
}
```

这样系统登录模块的验证功能就完成了，接下来还需要在系统启动时显示登录窗体。

（1）在工作区的类视图窗口中定位到CQpglxtApp类InitInstance方法处。在该方法中为了隐藏框架窗口，需要删除如下代码：

```
CCommandLineInfo cmdInfo;
ParseCommandLine(cmdInfo);
if (!ProcessShellCommand(cmdInfo))
    return FALSE;
m_pMainWnd->ShowWindow(SW_SHOW);
m_pMainWnd->UpdateWindow();
```

（2）在CQpglxtApp类InitInstance方法中添加如下代码实现数据库的连接，同时显示系统登录窗体。

```
BOOL CQpglxtApp::InitInstance()
{
    AfxEnableControlContainer();
        hInstance =LoadLibrary("RxDLL.dll");                            //载入动态库
    //载入 RxDLL 中的函数
    MoneyToChineseCode=(_MoneyToChineseCode*)GetProcAddress(hInstance,"MoneyToChineseCode");
    CTimeToCString=(_CTimeToCString*)GetProcAddress(hInstance,"CTimeToCString");
    CStringTOCTime=(_CStringTOCTime*)GetProcAddress(hInstance,"CStringTOCTime");
    Padl=(_Padl*)GetProcAddress(hInstance,"Padl");
    CharToLetterCode=(_CharToLetterCode*)GetProcAddress(hInstance,"CharToLetterCode");
        if(ado.SetConnection("Provider=MSDAORA.1;Password=songkun;User ID=sk;
        Data Source=orcl_sk;Persist Security Info=True")==false)       //连接数据库
        return false;
    cnn=ado.GetConnection();                                           //获取数据库连接对象

#ifdef _AFXDLL
    Enable3dControls();
#else
    Enable3dControlsStatic();
#endif
    SetRegistryKey(_T("Local AppWizard-Generated Applications"));
    LoadStdProfileSettings();

    CSingleDocTemplate* pDocTemplate;
```

```
pDocTemplate = new CSingleDocTemplate(
IDR_MAINFRAME,
RUNTIME_CLASS(CMyDoc),
RUNTIME_CLASS(CMainFrame),
RUNTIME_CLASS(CMyView));
AddDocTemplate(pDocTemplate);

CDLOGIN dlg;
dlg.DoModal();                                          //显示系统登录窗体

return TRUE;
}
```

24.8 基础信息查询模块设计

24.8.1 基础信息查询模块概述

在汽配管理系统中，多个基础信息模块（商品信息、往来单位信息、操作员信息等）都需要先查询出相关数据，待用户双击某条记录时，再调用适当的模块进行编辑。基础信息查询就是为这些基础信息模块提供一个查询平台。

基础信息查询的主要功能列举如下：
- ☑ 可以将指定数据库的数据显示在表格中。
- ☑ 可以按照不同字段、不同条件进行查询。
- ☑ 可以通过双击某条记录打开对应的对话框。
- ☑ 支持打印功能。

由于涉及的模块众多，不能一一列出各模块的运行结果，下面给出商品信息查询模块运行结果，如图 24.29 所示。

图 24.29　商品信息查询模块

24.8.2 基础信息查询模块实现过程

1. 对话框设计

（1）向项目中添加一个新对话框，ID 为 IDD_DIAQUERY。在 IDD_DIAQUERY 对话框资源中单击鼠标右键，执行弹出快捷菜单的 Properties 菜单命令，打开对话框属性选择 General 选项卡，单击 Font 按钮，将字体更改为宋体、9 号。

（2）从 Controls 面板上向对话框中添加静态文本、组合框、编辑框、按钮和列表控件，设置控件的属性，如表 24.2 所示。

表 24.2 控件属性

控 件 ID	控 件 属 性	对应变量
IDC_COMFIELD	Sort：FALSE	CBaseComboBox m_ComField
IDC_COMEMBLEM	Sort：FALSE	CBaseComboBox m_ComEmboem
IDC_EDTCONDITION	默认	CBaseEdit m_EdtCondition
IDC_BUTQUERY	Caption：查询	CBaseButton m_ButQuery
IDC_BUTPRINT	Caption：打印	CBaseButton m_ButPrint
IDC_GRID	默认	RxGrid m_Grid

2. 代码设计

由于对话框类 CBaseQuery 是通用的，需要修改构造函数，为数据成员赋值。

```
CDBaseQuery::CDBaseQuery(CString sCaption, CString sDateBaseName, \
CDialog *NextWnd,PrintStruct pr,CWnd* pParent /*=NULL*/)
    : CDialog(CDBaseQuery::IDD, pParent)
{
    m_Caption=sCaption;                 //标题
    m_DateBaseName=sDateBaseName;       //数据库名
    m_pWnd=NextWnd;                     //当用户双击表格中一条记录时，调用哪个 CDialog 的派生类
    m_ps =pr;                           //需要打印的结构
}
```

根据所赋的初始值初始化对象实例。

```
BOOL CDBaseQuery::OnInitDialog()
{
    CDialog::OnInitDialog();
    this->SetWindowText(m_Caption);     //设置对话框标题
    rst.Open(m_DateBaseName);           //查询数据
    this->m_ComField.SetFieldset(rst);
    m_Grid.ReadOnly(true);
    this->m_ComEmblem.SetCurSel(0);     //显示第一个选项信息
    this->m_ComField.SetCurSel(0);
```

```
    m_Grid.SetDataBase(m_DateBaseName,adCmdTable);
    return TRUE;
}
```

当用户单击"查询"按钮时,执行查询操作,并将结果显示在表格中。

```
void CDBaseQuery::OnButQuery()
{
    CString sSQL,sField,sEmblem,sCondition;
    this->m_ComField.GetWindowText(sField);
    this->m_ComEmblem.GetWindowText(sEmblem);
    this->m_EdtCondition.GetWindowText(sCondition);
    //判断查询字段的类型
    if(m_ComField.m_CurrentFieldType=="数值型")
        sSQL.Format("SELECT * FROM %s WHERE %s %s %s",
            this->m_DateBaseName,sField,sEmblem,sCondition);
     if(m_ComField.m_CurrentFieldType=="字符型")
    {
        if(sEmblem!="LIKE")
            sSQL.Format("SELECT * FROM %s WHERE %s %s '%s'",
                this->m_DateBaseName,sField,sEmblem,sCondition);
        else
            sSQL.Format("SELECT * FROM %s WHERE %s %s '%s%%'",
                this->m_DateBaseName,sField,sEmblem,sCondition);
    }
    if(m_ComField.m_CurrentFieldType=="日期型")
            sSQL.Format("SELECT * FROM %s WHERE %s %s to_date('%s', 'yyyy-mm-dd')",
                this->m_DateBaseName,sField,sEmblem,sCondition);
    rst.Open(sSQL,adCmdText);                //执行查询语句
    m_Grid.AddCellValue(rst);                //将查询结果显示在表格中
}
```

上面设计得很巧妙,由于 m_ComField 对象(组合框)的值是根据数据集内容后添进入的,所以,在用户选定一个字段时,m_CurrentFieldType(CBaseComboBox 类对象的成员变量)会记录所选择的字段的类型,在执行查询时,判断 m_CurrentFieldType 的值,然后根据数据类型做出正确处理。

当用户双击表格内某条记录时,系统会根据 m_pWnd 来找到需要调用的对话框,完成显示编辑窗体的任务。

```
void CDBaseQuery::OnDblclkBasequeryGrid(NMHDR* pNMHDR, LRESULT* pResult)
{
    if(rst.GetRecordCount()<1)                //如果记录集中没有数据
    {
        m_CurrentRow=0;
        m_pWnd->DoModal();                    //显示基本信息窗体
        this->m_ComField.SetCurSel(0);
        this->m_ComEmblem.SetCurSel(0);
```

```
            this->m_EdtCondition.SetWindowText("");
            this->OnButQuery();
        }
        if(m_Grid.GetHotItem()!=-1)                          //获取表格中当前记录
        {
            m_CurrentRow=m_Grid.GetHotItem();                //获取当前行索引
            m_pWnd->DoModal();                               //显示基本信息窗体
            this->m_ComField.SetCurSel(0);
            this->m_ComEmblem.SetCurSel(0);
            this->m_EdtCondition.SetWindowText("");
            this->OnButQuery();
        }
        *pResult = 0;
    }
```

24.9 商品信息模块设计

24.9.1 商品信息模块概述

在上一节中，介绍了基础信息查询模块，但其只实现了查询功能及调用相关类对象的功能，而这些相关类才是实现信息管理的关键。以商品信息模块为例，商品信息模块可以对商品信息进行添加、修改、删除等工作，而且还支持打印功能。商品信息管理模块运行结果如图24.30所示。

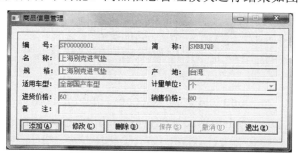

图 24.30　商品信息管理模块运行结果

24.9.2 商品信息模块数据表分析

商品信息模块主要实现商品信息的添加、修改和删除操作。该模块主要涉及"商品信息表"和"计量单位表"两张数据表。这两张数据表之间存在关联关系，如图24.31所示。

从图中可以发现，商品信息表中的"单位"字段关联于计量单位表中的"编号"字段。当用户需要查询商品信息时，需要查看"单位"字段关联的计量单位表中的"计算单位"数据，因为商品信息表中的"单位"字段只是一个编号，不是实际的单位，实际的单位存储在计量单位表中的"计量单位"

字段中。为了方便查询商品信息,笔者在数据库中设计了一个视图——商品信息查询。视图查询代码如下:

```
SELECT 商品信息表.编号, 商品信息表.名称, 商品信息表.简称, 商品信息表.适用车型, 商品信息表.规格,
       商品信息表.产地, 计量单位表.计量单位, 商品信息表.进价, 商品信息表.销售价格, 商品信息表.备注
FROM 计量单位表 INNER JOIN 商品信息表 ON 计量单位表.编号 = 商品信息表.单位
```

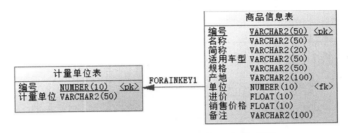

图 24.31　商品信息模块数据表关系图

24.9.3　商品信息模块实现过程

1．对话框设计

（1）向项目中添加一个新对话框,ID 为 IDD_DIA_MERCHANDISE。在 IDD_DIA_MERCHANDISE 对话框资源中单击鼠标右键,执行弹出快捷菜单的 Properties 菜单命令,打开对话框属性窗口,选择 General 选项卡,更改其 Caption 文本框内容为"商品信息管理";单击 Font 按钮,将字体更改为宋体、9 号。

（2）从 Controls 面板上向对话框中添加编辑框、静态文本、组合框和按钮等控件,设置控件的属性,如表 24.3 所示。

表 24.3　控件属性设置

控件 ID	控件属性	对应变量
IDC_SPXX_BUTADD	Caption：添加	CButton　m_ButAdd
IDC_SPXX_BUTCHANGE	Caption：修改	CButton　m_ButChange
IDC_SPXX_BUTDELETE	Caption：删除	CButton　m_ButDelete
IDC_SPXX_BUTSAVE	Caption：保存	CButton　m_ButSave
IDC_SPXX_BUTUNDO	Caption：撤销	CButton　m_ButUndo
IDC_SPXX_BUTEXIT	Caption：退出	CButton　m_ButExit
IDC_SPXX_COMUNIT	Sort=FALSE	CBaseComboBox　m_ComUnit
IDC_SPXX_EDTAREA	默认	CBaseEdit　m_EdtArea
IDC_SPXX_EDTCNAME	默认	CBaseEdit　m_EdtCName
IDC_SPXX_EDTID	默认	CBaseEdit　m_EdtID
IDC_SPXX_EDTMEM	默认	CBaseEdit　m_EdtMem

控件 ID	控件属性	对应变量
IDC_SPXX_EDTNAME	默认	CBaseEdit m_EdtName
IDC_SPXX_EDTPRICE	默认	CNumberEdit m_EdtPrice
IDC_SPXX_EDTSELL	默认	CNumberEdit m_EdtSell
IDC_SPXX_EDTSPEC	默认	CBaseEdit m_EdtSpec
IDC_SPXX_EDTTYPE	默认	CBaseEdit m_EdtType

（3）调整控件在对话框中的位置。最终设计结果如图 24.32 所示。

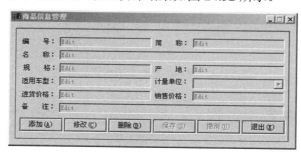

图 24.32 商品信息管理界面设计结果

2．代码设计

程序运行后可分为两种状态：编辑状态和只读状态。用户单击"添加"或"修改"按钮后，系统进入编辑状态，此时，用户可以任意添加或修改文本框等编辑控件的值；当用户单击"保存"按钮后，系统回到初始状态即只读状态，编辑控件失效，无法进行编辑。编写成员函数 Enabled，用来完成此功能。

```
void CDMerchandise::Enabled(bool bEnabled)
{
    m_EdtArea.EnableWindow(bEnabled);
    m_EdtCName.EnableWindow(bEnabled);
    this->m_Sell.EnableWindow(bEnabled);
    m_EdtMem.EnableWindow(bEnabled);
    m_EdtSpec.EnableWindow(bEnabled);
    m_EdtName.EnableWindow(bEnabled);
    m_EdtPrice.EnableWindow(bEnabled);
    m_EdtType.EnableWindow(bEnabled);
    m_ComUnit.EnableWindow(bEnabled);
    m_ButUndo.EnableWindow(bEnabled);
    m_ButSave.EnableWindow(bEnabled);
    m_ButExit.EnableWindow(!bEnabled);
    m_ButDelete.EnableWindow(!bEnabled);
    m_ButChange.EnableWindow(!bEnabled);
    m_ButAdd.EnableWindow(!bEnabled);
```

```cpp
    if(bEnabled==true)
        this->m_EdtName.SetFocus();
    else
        this->m_ButSave.SetFocus();
}
```

每当用户定位一条记录时,系统都需要重新读取一遍数据库,以实现数据的统一。在程序中,此功能由 Display 成员函数完成的。

```cpp
void CDMerchandise::Display(CString ID)
{
    RxRecordset Drxt;
    CString sSQL;
    if(ID.IsEmpty())
        return;
    sSQL.Format("SELECT * FROM 商品信息查询 WHERE 编号 ='%s'",ID);
    Drxt.Open(sSQL,adCmdText);                      //从视图中查询数据
    CString sID,sName,sCName,sUnit,sType,sSell,sArea,sPrice,sMem,sSpec;
    //读取当前记录值
    sID=Drxt.GetFieldValue("编号");
    sName=Drxt.GetFieldValue("名称");
    sCName=Drxt.GetFieldValue("简称");
    sUnit=Drxt.GetFieldValue("计量单位");
    sType=Drxt.GetFieldValue("适用车型");
    sArea=Drxt.GetFieldValue("产地");
    sPrice=Drxt.GetFieldValue("进价");
    sMem=Drxt.GetFieldValue("备注");
    sSpec=Drxt.GetFieldValue("规格");
    sSell=Drxt.GetFieldValue("销售价格");

    this->m_EdtSpec.SetWindowText(sSpec);
    this->m_EdtArea.SetWindowText(sArea);
    this->m_EdtCName.SetWindowText(sCName);
    this->m_EdtID.SetWindowText(sID);              //将当前记录数据显示
    this->m_EdtMem.SetWindowText(sMem);            //在窗口控件中
    this->m_EdtName.SetWindowText(sName);
    this->m_EdtPrice.SetWindowText(sPrice);
    this->m_EdtType.SetWindowText(sType);
    this->m_ComUnit.SetWindowText(sUnit);
    this->m_Sell.SetWindowText(sSell);
}
```

上面成员函数中,参数 ID 是商品编号。除了上面讲述的两个函数,程序中还提供了 Clear 成员函数来清空界面。

```cpp
void CDMerchandise::Clear()
```

```
{
    m_EdtArea.SetWindowText("");
    m_EdtCName.SetWindowText("");
    m_EdtMem.SetWindowText("");
    m_EdtName.SetWindowText("");          ⇒  清空窗口控件的内容
    m_EdtPrice.SetWindowText("");
    m_EdtType.SetWindowText("");
    m_ComUnit.SetWindowText("");
    m_EdtSpec.SetWindowText("");
    m_Sell.SetWindowText("");
}
```

用户单击"添加"按钮,自动生成商品编号,清空程序界面,并且进入编辑状态。

```
void CDMerchandise::OnSpxxButadd()
{
    AddOrChange=1;
    CString sNewID;
    sNewID=ado.AutoNumber("商品信息表","编号","SP",2);    //生成编号
    this->Clear();                                        //清空程序界面
    m_EdtID.SetWindowText(sNewID);
    this->Enabled(true);                                  //程序进入编辑状态
    this->m_EdtName.SetFocus();                           //姓名文本框获得焦点
}
```

用户单击"修改"按钮时,程序进入编辑状态。

```
void CDMerchandise::OnSpxxButchange()
{
    AddOrChange=2;
    this->Enabled(true);
    this->m_EdtName.SetFocus();                           //姓名文本框获得焦点
}
```

用户单击"删除"按钮时,判断仓库中是否存在此种商品的信息,如果不存在,将其删除。

```
void CDMerchandise::OnSpxxButdele()
{
    if(MessageBox("确定要删除记录吗?"," 系统提示",MB_OKCANCEL|MB_ICONQUESTION)!=1)
        return;
    CString cID,sSQL;
    this->m_EdtID.GetWindowText(cID);
    sSQL.Format("DELETE FROM  商品信息表  WHERE  编号='%s'",cID);
    if(rst.Open(sSQL,adCmdText)==false)                   //执行删除操作
    {
        MessageBox("对不起!由于仓库中仍然存在此中商品,所以您不能删除此条记录!",\
            "系统提示",MB_OK|MB_ICONSTOP);
        return;
```

```
    }
    this->OnCancel();
}
```

用户单击"保存"按钮时,判断用户之前按下的是"添加"还是"修改",如果是"添加"就新插入一条记录;如果是"修改",就更新原记录。

```
void CDMerchandise::OnSpxxButsave()
{
    if(MessageBox("确定要保存记录吗?","系统提示",MB_OKCANCEL|MB_ICONQUESTION)!=1)
        return;
    CString sSQL,sID,sName,sSell,sCName,sUnitID,sUnit,sType,sArea,sPrice,sMem,sSpec;
    m_EdtID.GetWindowText(sID);
    m_EdtArea.GetWindowText(sArea);
    m_EdtCName.GetWindowText(sCName);
    m_EdtMem.GetWindowText(sMem);
    m_EdtName.GetWindowText(sName);          获取当前窗口控件中的内容
    m_EdtPrice.GetWindowText(sPrice);
    m_EdtType.GetWindowText(sType);
    m_ComUnit.GetWindowText(sUnit);
    m_EdtSpec.GetWindowText(sSpec);
    m_Sell.GetWindowText(sSell);
    sUnitID=ado.FieldToOtherField("计量单位表","计量单位",sUnit,"编号",1);
    if(this->AddOrChange==1)                 //执行添加操作
        sSQL.Format("INSERT INTO 商品信息表 VALUES('%s','%s','%s','%s','%s','%s',%s,%s,%s,'%s')",
            sID,sName,sCName,sType,sSpec,sArea,sUnitID,sPrice,sSell,sMem);
    else                                     //执行修改操作
        sSQL.Format("UPDATE 商品信息表 SET 名称='%s',简称='%s',适用车型='%s',规格='%s',产地='%s',
            单位=%s,进价=%s,销售价格=%s,备注='%s' WHERE 编号='%s'",sName,
                sCName,sType,sSpec,sArea,sUnitID,sPrice,sSell,sMem,sID);
    rst.Open(sSQL,adCmdText);                //执行 SQL 语句
    this->Enabled(false);
    this->AddOrChange=0;
}
```

用户单击"撤销"按钮时,程序进入只读状态,并且显示用户在查询模块双击的记录。

```
void CDMerchandise::OnSpxxButundo()
{
    if(MessageBox("确定要撤销操作吗?","系统提示",MB_OKCANCEL|MB_ICONQUESTION)!=1)
        return;
    this->Enabled(false);
    this->Clear();
    this->Display(m_sID);
}
```

还有一个细节,当用户在"名称"文本框中添入商品名称时,在"简称"文本框中自动生成相应

的拼音简码。

```
void CDMerchandise::OnChangeSpxxEdtname()
{
    CString sName,sSName;
    this->m_EdtName.GetWindowText(sName);
    sSName=CharToLetterCode(sName);         //调用 CharToLetterCode 函数,被封装的 RxDLL.dll 文件中
    this->m_EdtCName.SetWindowText(sSName);
}
```

24.10 日常业务处理模块设计

24.10.1 日常业务处理模块概述

细心的读者也许会发现,在程序中销售、销售退货、进货、退货返厂等模块的框架基本上是一致的,没错,实际上它们都是 CDInput 类的对象实例。

日常业务类功能强大,是系统的核心所在。它的主要功能如下:
- ☑ 可以根据需要指定数据源。
- ☑ 以表格形式录入数据,每个单元格者应该支持 IntelliSence 技术。
- ☑ 具备自动核算合计数量及合计金额的功能。
- ☑ 可以根据实付金额计算出未付金额或找零金额。
- ☑ 支持打印功能。

销售管理是日常业务的代表,下面就以销售管理模块的运行结果为例,了解日常业务模块的庐山真面目。销售管理模块运行结果如图 24.33 所示。

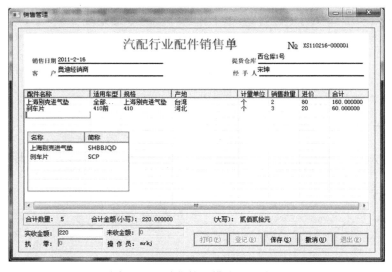

图 24.33 销售管理模块运行结果

24.10.2 日常业务处理模块实现过程

1. 对话框设计

（1）向项目中添加一个新对话框，ID 为 IDD_DIA_INPUT。在 IDD_DIA_INPUT 对话框资源中单击鼠标右键，执行弹出快捷菜单的 Properties 菜单命令，打开对话框属性窗口，选择 General 选项卡，单击 Font 按钮，将字体更改为宋体、9 号。

（2）从 Controls 面板上向对话框中添加静态文本、编辑框、按钮和列表视图控件，设置控件的属性，如表 24.4 所示。

表 24.4 控件属性设置

控 件 ID	控 件 属 性	对 应 变 量
IDC_INPUT_BUTBOOKIN	Caption：登记	CBaseButton m_ButBookIn
IDC_INPUT_BUTEXIT	Caption：退出	CBaseButton m_ButExit
IDC_INPUT_BUTPRINT	Caption：打印	CBaseButton m_ButPrint
IDC_INPUT_BUTSAVE	Caption：保存	CBaseButton m_ButSave
IDC_INPUT_BUTUNDO	Caption：撤销	CBaseButton m_ButUndo
IDC_INPUT_EDTDEAR	Border False	RxEdit m_EdtDear
IDC_INPUT_EDTGIVECHANGE		CBaseEdit m_EdtGiveChange
IDC_INPUT_EDTNOPAY		CBaseEdit m_EdtNoPay
IDC_INPUT_EDTPAY		CBaseEdit m_EdtPay
IDC_INPUT_EDTPROVIDER		RxEdit m_EdtProvider
IDC_INPUT_EDTSTORE		RxEdit m_EdtStore
IDC_INPUT_GRID		RxGrid m_Grid
IDC_INPUT_STADATE		CBaseStatic m_StaDate
IDC_INPUT_STAID		CBaseStatic m_StaID
IDC_INPUT_STAOP		CStatic m_StaOP
IDC_INPUT_STASUMMONEY		CStatic m_StaSumMoney

（3）调整控件在对话框中的位置。最终设计结果如图 24.34 所示。

2. 代码设计

（1）在对话框类的 OnPaint 方法中根据标题选择适当的图片。

```
void CDInput::OnPaint()
{
    CPaintDC pDC(this);
    CBitmap bit;
    CDC memDC;
    CRect rect;
```

```
    this->GetClientRect(&rect);
    if(m_Caption=="进货管理")
        bit.LoadBitmap(IDB_INPUT);
    if(m_Caption=="退货返厂管理")
        bit.LoadBitmap(IDB_BACKF);
    if(m_Caption=="销售管理")
        bit.LoadBitmap(IDB_SELL);
    if(m_Caption=="销售退货管理")
        bit.LoadBitmap(IDB_SELLBACK);
    if(m_Caption=="商品调拨管理")
        bit.LoadBitmap(IDB_DH);
    memDC.CreateCompatibleDC(&pDC);                //创建兼容的设备上下文
    memDC.SelectObject(&bit);                       //载入位图
    //绘制背景位图
    pDC.BitBlt(22,23,rect.Width(),rect.Height(),&memDC,0,0,SRCCOPY);
    memDC.DeleteDC();                               //释放内存画布
    ::DeleteObject(&bit);                           //释放位图对象
}
```

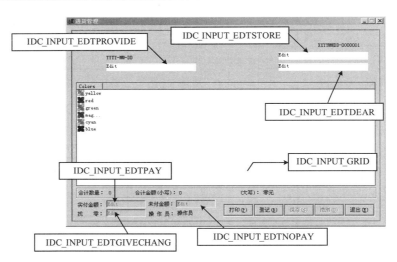

图 24.34　日常业务类控件设计结果

（2）在对话框初始化时设置需要连接的记录集等信息。

```
BOOL CDInput::OnInitDialog()
{
    CDialog::OnInitDialog();
    this->SetWindowText(m_Caption);            //设置窗口标题
    m_StaDate.SetTextColor(RGB(0,0,0));
    m_StaID.SetTextColor(RGB(0,0,0));
    CString sSQL;
    if(m_Caption!="销售管理"&&m_Caption!="销售退货管理"&&m_Caption!="商品调拨管理")
        sSQL.Format("SELECT 编号,名称,简称 FROM 往来单位信息表 WHERE 类型=0");
    else
        if(m_Caption=="商品调拨管理")
        {
            sSQL.Format("SELECT * FROM 仓库信息查询");
```

```cpp
            this->m_staBlock.ShowWindow(SW_SHOW);
        }
        else
            sSQL.Format("SELECT 编号,名称,简称 FROM 往来单位信息表 WHERE 类型=1");
rst.Open(sSQL,adCmdText);                                      //查询往来单位信息
m_EdtProvide.Initialize(this->GetParent());
m_EdtProvide.StartUpAssciation=true;
m_EdtProvide.SetRecordset(rst);
m_EdtProvide.SetSelectField("名称");
m_StaOP.SetWindowText(OP);
sSQL.Format("SELECT 编号,姓名 FROM 员工信息表");
rst.Open(sSQL,adCmdText);                                      //查询员工信息
m_EdtDear.Initialize(this->GetParent());
m_EdtDear.SetRecordset(rst);
m_EdtDear.SetSelectField("姓名");

rst.Open("SELECT * from 仓库信息查询", adCmdText);              //查询仓库信息
m_EdtStore.Initialize(this->GetParent());
m_EdtStore.SetRecordset(rst);
m_EdtStore.SetSelectField("名称");

CString Fields[]={"配件名称","适用车型","规格","产地","计量单位","进货数量","进价","合计"};
if(m_Caption=="销售管理")
{
    Fields[5]="销售数量";
    this->m_StaSfje.SetWindowText("实收金额：");
    this->m_StaWfje.SetWindowText("未收金额：");
}
if(m_Caption=="退货返厂管理")
{
    Fields[5]="退货数量";
    this->m_StaSfje.SetWindowText("实返金额：");
    this->m_StaWfje.SetWindowText("未返金额：");
}
if(m_Caption=="销售退货管理")
{
    Fields[5]="退货数量";
    this->m_StaSfje.SetWindowText("实返金额：");
    this->m_StaWfje.SetWindowText("未返金额：");
}
if(m_Caption=="商品调拨管理")
{
    Fields[5]="调拨数量";
    this->m_StaSfje.EnableWindow(false);
    this->m_StaWfje.EnableWindow(false);
}
int ColWidth[]={130,60,100,130,60,60,60,78};
for(int m=0;m<8;m++)
{
    m_Grid.InsertColumn(m,Fields[m]);                          //向表格中插入列
```

> 由于多个模块共用一个窗口，这里根据不同的模块调整窗口中控件显示的文本

```
            m_Grid.SetColumnWidth(m,ColWidth[m]);              //设置列宽度
    }
    m_Grid.m_Edit.Initialize(this->GetParent());
    return TRUE;
}
```

（3）用户单击"登记"按钮，系统自动生成编号及记录当前日期，且系统进入编辑状态。

```
void CDInput::OnInputButbookIn()
{
    CTime time;
    CString cTime,NewID;
    if(m_Caption=="进货管理")
        NewID=ado.AutoNumber("进货信息表","票号","JH",3);
    if(m_Caption=="退货返厂管理")
        NewID=ado.AutoNumber("退货返厂表","票号","RT",3);
    if(m_Caption=="销售管理")
        NewID=ado.AutoNumber("销售信息表","票号","XS",3);
    if(m_Caption=="销售退货管理")
        NewID=ado.AutoNumber("销售退货信息表","票号","XT",3);
    if(m_Caption=="商品调拨管理")
        NewID=ado.AutoNumber("调货信息表","票号","DB",3);

    NewID=NewID+"   ";
    this->m_StaID.SetWindowText(NewID);              //显示生成的编号
    time=time.GetCurrentTime();                       //获取当前日期
    cTime=CTimeToCString(time);                       //将日转换为字符串
    cTime=cTime+"   ";
    this->m_StaDate.SetWindowText(cTime); //显示当前日期
    this->m_EdtProvide.SetFocus();
    this->Enabled(false);
    this->Clear();
}
```

→ 根据不同的模块，生成相应的编号

上面代码中的 Enabled 是笔者新加入的成员函数，其定义如下：

```
void CDInput::Enabled(bool bEnabled)
{
    this->m_Grid.ReadOnly(bEnabled);
    this->m_ButBookIn.EnableWindow(bEnabled);
    if(m_Caption!="商品调拨管理")
        this->m_EdtPay.EnableWindow(!bEnabled);
    this->m_ButExit.EnableWindow(bEnabled);
    this->m_ButPrint.EnableWindow(bEnabled);
    this->m_ButSave.EnableWindow(!bEnabled);
    this->m_ButUndo.EnableWindow(!bEnabled);
}
```

→ 设置窗口控件可用

从代码中可以看出，Enabled 函数的功能实际是控制程序从编辑状态转换到只读状态或从只读状态转换到编辑状态。

下面是很关键的代码，当用户在表格中改变单元格时，需要在 AutoGrid 中显示出相应的信息，RxGrid 类在改变单元格时，会向系统发送出 DIY_SETFOCUS（获得焦点）和 DIY_KILLFOCUS（失去焦点）消息，只需要添加两个新的消息响应函数就可以了。

更改消息地图。

```
BEGIN_MESSAGE_MAP(CDInput, CDialog)
    //{{AFX_MSG_MAP(CDInput)
    ...
    //}}AFX_MSG_MAP
    ON_MESSAGE(DIY_SETFOCUS,OnCellSetFocus)
    ON_MESSAGE(DIY_KILLFOCUS,OnCellKillFocus)
END_MESSAGE_MAP()
```

增加消息响应函数 OnCellSetFocus，当单元格获得焦点时执行，用于在当前单元格处显示一个编辑框，供用户输出信息。

```
void CDInput::OnCellSetFocus()
{
    CString sSQL, sName,sType,sSpec,sAddr;
    switch(m_Grid.GetCol())                                         //获取当前列
    {
    case 0:                                                          //根据当前列查询相应信息
        m_Grid.m_Edit.NumberOnly(false);
        m_Grid.m_Edit.PopHide=false;
        m_Grid.m_Edit.EnterNumber=0;
        m_Grid.m_Edit.ClearAll();
        rst.Open("SELECT DISTINCT 名称,简称 from 商品信息表",adCmdText);  //查询商品信息
        m_Grid.m_Edit.StartUpAssciation=true;
        m_Grid.m_Edit.SetRecordset(rst);
        m_Grid.m_Edit.SetSelectField("名称");                        //记录商品名称
        m_Grid.m_Edit.AutoPosition();
        break;
    case 1:
        m_Grid.m_Edit.NumberOnly(false);
        m_Grid.m_Edit.PopHide=false;
        m_Grid.m_Edit.EnterNumber=0;
        m_Grid.m_Edit.ClearAll();
        sName=m_Grid.GetItemText(m_Grid.GetRow(),0);
        sSQL.Format("SELECT DISTINCT 名称,适用车型 from 商品信息查询 WHERE 名称='%s'",sName);
        rst.Open(sSQL,adCmdText);                                    //查询商品信息
        m_Grid.m_Edit.StartUpAssciation=false;
        m_Grid.m_Edit.SetRecordset(rst);
        m_Grid.m_Edit.SetSelectField("适用车型");                    //记录适用车型
```

```
            m_Grid.m_Edit.AutoPosition();
            break;
    //…代码省略
}
```

增加消息响应函数 OnCellKillFocus，当单元格失去焦点时执行，在用户输出商品数量和单价后计算商品金额，以及统计商品总金额和商品总数量。

```
void CDInput::OnCellKillFocus()
{
    RxRecordset rst;
    CString sNumber,sMoney,sTotal,sSumNumber,sSumMoney;
    float fTotal,fNumber,fSumNumber=0,fSumMoney=0;
    if(m_Grid.GetCol()==5)                                    //当前列是商品数量
    {
        sNumber=m_Grid.GetItemText(m_Grid.GetRow(),5);
        if(sNumber.IsEmpty())                                 //如果当前商品数量为空
        {
            m_Grid.m_Edit.EnterNumber=0;
            m_Grid.SetCol(5);
            m_Grid.BeginEdit(this->m_Grid.GetRow(),5);        //显示编辑框
            m_Grid.m_Edit.SetFocus();                         //使编辑框获得焦点
        }
        else                                                  //如果商品数量不为空
        {
            if(m_Caption=="销售管理"||m_Caption=="退货返厂管理")
            {
                CString sSQL,sID,sName,sType,sSpec,sAddr,sStore;
                sName=m_Grid.GetItemText(m_Grid.GetRow(),0);
                sType=m_Grid.GetItemText(m_Grid.GetRow(),1);
                sSpec=m_Grid.GetItemText(m_Grid.GetRow(),2);
                sAddr=m_Grid.GetItemText(m_Grid.GetRow(),3);
                sSQL.Format("SELECT 编号 from 商品信息查询 WHERE 名称='%s' AND
                    适用车型='%s' AND 规格='%s' AND 产地='%s'",sName,sType,sSpec,sAddr);
                rst.Open(sSQL,adCmdText);                     //查询商品信息
                sID=rst.GetFieldValue("编号");
                m_EdtStore.GetWindowText(sStore);
                CString sStoreID=ado.FieldToOtherField("仓库信息查询","名称",sStore,"编号",1);
                sSQL.Format("SELECT * FROM 库存信息表 WHERE 商品编号 ='%s'
                    AND 仓库 =%s",sID,sStoreID);
                rst.Open(sSQL,adCmdText);                     //查询库存信息
                CString sStoreNumber;
                if(rst.GetRecordCount()<1)
                    sStoreNumber="0";
                else
```

```
                    sStoreNumber=rst.GetFieldValue("库存数量");
                    if(atoi(sNumber)>atoi(sStoreNumber)|| sStoreNumber=="0")
                    {
                        m_Grid.SetItemText(m_Grid.GetRow(),m_Grid.GetCol(),sStoreNumber);
                    }
                }
            }
        }
    }
    if(m_Grid.GetCol()==6)                                  //当前列是商品单价
    {
        sNumber=m_Grid.GetItemText(m_Grid.GetRow(),5);      //获取商品数量
        sMoney=m_Grid.GetItemText(m_Grid.GetRow(),6);       //获取单价
        fTotal=atof(sNumber)*atof(sMoney);                  //计算金额
        sTotal.Format("%f",fTotal);                         //格式化金额
        m_Grid.SetItemText(m_Grid.GetRow(),7,sTotal);       //在单元格中显示金额
        for(int i=0;i<m_Grid.GetRows();i++)                 //统计商品数量和金额
        {
            sNumber=m_Grid.GetItemText(i,5);
            sMoney=m_Grid.GetItemText(i,6);
            fNumber=atof(sNumber);
            fTotal=fNumber*atof(sMoney);
            fSumNumber=fSumNumber+fNumber;
            fSumMoney=fSumMoney+fTotal;
        }
        sSumNumber.Format("%d",(int)fSumNumber);
        sSumMoney.Format("%f",fSumMoney);
        m_StaSumMoney.SetWindowText(sSumMoney);             //显示总计商品金额
        m_StaSumNumber.SetWindowText(sSumNumber);           //显示总计商品数量
        m_StaBigSumMoney.SetWindowText(MoneyToChineseCode(sSumMoney));
        this->m_EdtNoPay.SetWindowText(sSumMoney);
    }
}
```

当用户单击"保存"按钮时，需要将表格中的内容保存起来，由于涉及对数据表的操作比较多，这里先简单介绍一下。

如果进行进货操作，进货的概要信息应该保存到进货信息表中；进货的详细信息应该保存到进货明细表中；每种商品的库存数量应该加上进货数量。

如果是销售操作，销售的概要信息应该保存到销售信息表中；销售的详细信息应该保存到销售明细表中；每种商品的库存数量应该减去销售数量。

```
void CDInput::OnInputButsave()
{
    CString MsgText;
```

```cpp
if(m_Caption=="进货管理")
    MsgText="确定要保存此进货单吗？";
if(m_Caption=="退货返厂管理")
    MsgText="确定要保存此退货返厂单吗？";
if(m_Caption=="销售管理")
    MsgText="确定要保存此销售单吗？";
if(m_Caption=="销售退货管理")
    MsgText="确定要保存此销售退货单吗？";
if(m_Caption=="商品调拨管理")
    MsgText="确定要保存此商品调拨单吗？";
```
⇒ 根据当前模块确定提示信息的文本

```cpp
if(MessageBox(MsgText,"系统提示",MB_OKCANCEL|MB_ICONQUESTION)!=1)
    return;
CString sSQL,sID,sDate,sProvide,sProvideID,sOPID,sDealWith,sDearID,sPay,sNoPay,sGiveChange,
    sSumMoney,sSumNumber,sStore,sStoreID;
m_StaID.GetWindowText(sID);
sID.TrimLeft();
sID.TrimRight();
m_StaDate.GetWindowText(sDate);
sDate.TrimRight();
m_EdtDear.GetWindowText(sDealWith);
sDearID=ado.FieldToOtherField("员工信息表","姓名",sDealWith,"编号",1);
m_EdtProvide.GetWindowText(sProvide);          //获取供应商信息
sProvideID=ado.FieldToOtherField("往来单位信息表","名称",sProvide,"编号",1);
sOPID=ado.FieldToOtherField("操作员信息表","用户名",OP,"编号",1);
m_EdtPay.GetWindowText(sPay);                   //获取结款信息
if(m_Caption!="商品调拨管理")                    //如果当前模块不是商品调拨，先验证用户是否输出结款信息
    if(sPay.IsEmpty())
    {
        MessageBox("还没有结款！！","系统提示",MB_OK|MB_ICONSTOP);
        m_EdtPay.SetFocus();
        return;
    }
m_EdtNoPay.GetWindowText(sNoPay);
m_EdtGiveChange.GetWindowText(sGiveChange);
m_StaSumMoney.GetWindowText(sSumMoney);
m_StaSumNumber.GetWindowText(sSumNumber);
m_EdtStore.GetWindowText(sStore);
sStoreID=ado.FieldToOtherField("仓库信息表","名称",sStore,"编号",1);
if(m_Caption=="进货管理")
{
    try
    {
        //添加到进货信息表中
        sSQL.Format("INSERT INTO 进货信息表 VALUES ('%s','%s',to_date('%s',
            'yyyy-mm-dd'),%s,%s,%s,%s,%s,%s,%s,%s)",sID,sProvideID,sDate,sStoreID,sSumNumber,
            sSumMoney,sPay,sNoPay,sGiveChange,sOPID,sDearID);
```

```cpp
            rst.Open(sSQL,adCmdText);
            //添加到进货明细表
            CString sWare,sWareID,sSpec,sAddr,sPrice,sNumber;
            for(int i=0;i<m_Grid.GetItemCount();i++)
            {
                //名称、规格、产地 3 个字段才能指定唯一的商品
                sWare=this->m_Grid.GetItemText(i,0);
                sSpec=this->m_Grid.GetItemText(i,2);
                sAddr=this->m_Grid.GetItemText(i,3);
                sPrice=this->m_Grid.GetItemText(i,6);
                sNumber=this->m_Grid.GetItemText(i,5);
                if(sWare.IsEmpty())
                    break;
                sSQL.Format("SELECT * FROM 商品信息表 WHERE 名称='%s' AND 规格='%s'
                    AND 产地='%s'",sWare,sSpec,sAddr);
                rst.Open(sSQL,adCmdText);
                rst.MoveFirst();
                sWareID=rst.GetFieldValue("编号");
                sSQL.Format("INSERT INTO 进货明细表 VALUES('%s','%s',%s,%s)",
                    sID,sWareID,sPrice,sNumber);
                rst.Open(sSQL,adCmdText);
                //更新库存信息表
                CString sStoreNumber;
                sSQL.Format("SELECT * FROM 库存信息表 WHERE 商品编号='%s'
                    AND 仓库=%s",sWareID,sStoreID);
                rst.Open(sSQL,adCmdText);
                if(rst.GetRecordCount()<1)           //没有此种商品的库存信息
                    sSQL.Format("INSERT INTO 库存信息表 VALUES('%s',%s,%s)",
                    sWareID,sStoreID,sNumber);
                else
                {
                    sStoreNumber=rst.GetFieldValue("库存数量");
                    sSQL.Format("UPDATE 库存信息表 SET 库存数量=%d WHERE 商品编号='%s'AND
                        仓库=%s",atoi(sStoreNumber)+atoi(sNumber),sWareID,sStoreID);
                }
                rst.Open(sSQL,adCmdText);
            }
        }
        catch(_com_error e)
        {
            TRACE(e.Description());
        }
    }
    if(m_Caption=="退货返厂管理")
    {
        //添加到退货返厂信息表中
```

```cpp
sSQL.Format("INSERT INTO 退货返厂表 VALUES ('%s','%s',to_date('%s', 'yyyy-mm-dd'),
    %s,%s,%s,%s,%s,%s,%s,%s)",sID,sProvideID,sDate,sStoreID,sSumNumber,sSumMoney,sPay,
    sNoPay,sGiveChange,sOPID,sDearID);
try
{
    rst.Open(sSQL,adCmdText);
    //添加到退货返厂明细表
    CString sWare,sWareID,sSpec,sAddr,sPrice,sNumber;
    for(int i=0;i<m_Grid.GetItemCount();i++)
    {
        //名称、规格、产地3个字段才能指定唯一的商品
        sWare=this->m_Grid.GetItemText(i,0);
        sSpec=this->m_Grid.GetItemText(i,2);
        sAddr=this->m_Grid.GetItemText(i,3);
        sPrice=this->m_Grid.GetItemText(i,6);
        sNumber=this->m_Grid.GetItemText(i,5);
        if(sWare.IsEmpty())
            break;
        sSQL.Format("SELECT * FROM 商品信息表 WHERE 名称='%s' AND 规格='%s'
            AND 产地='%s'",sWare,sSpec,sAddr);
        rst.Open(sSQL,adCmdText);
        rst.MoveFirst();
        sWareID=rst.GetFieldValue("编号");
        sSQL.Format("INSERT INTO 退货返厂明细表 VALUES('%s','%s',%s,%s)",
            sID,sWareID,sPrice,sNumber);
        rst.Open(sSQL,adCmdText);
        //更新库存信息表
        CString sStoreNumber;
        sSQL.Format("SELECT * FROM 库存信息表 WHERE 商品编号='%s'
            AND 仓库=%s",sWareID,sStoreID);
        rst.Open(sSQL,adCmdText);
        if(rst.GetRecordCount()<1)                //没有此种商品的库存信息
            sSQL.Format("INSERT INTO 库存信息表 VALUES('%s',%s,-%s)",
            sWareID,sStoreID,sNumber);
        else
        {
            sStoreNumber=rst.GetFieldValue("库存数量");
            sSQL.Format("UPDATE 库存信息表 SET 库存数量=%d WHERE 商品编号='%s'AND
                仓库=%s",atoi(sStoreNumber)-atoi(sNumber),sWareID,sStoreID);
        }
        rst.Open(sSQL,adCmdText);
    }
}
catch(_com_error e)
{
    TRACE(e.Description());
```

```cpp
        }
    }
    if(m_Caption=="销售管理")
    {
        //添加到销售信息表中
        sSQL.Format("INSERT INTO 销售信息表 VALUES ('%s','%s',to_date('%s', 'yyyy-mm-dd'),
        %s,%s,%s,%s,%s,%s,%s)",sID,sProvideID,sDate,sStoreID,sSumNumber,sSumMoney,sPay,
        sNoPay,sGiveChange,sOPID,sDearID);
        rst.Open(sSQL,adCmdText);
        //添加到销售明细表
        CString sWare,sWareID,sSpec,sAddr,sPrice,sNumber;
        for(int i=0;i<m_Grid.GetItemCount();i++)
        {
            //名称、规格、产地 3 个字段才能指定唯一的商品
            sWare=this->m_Grid.GetItemText(i,0);
            sSpec=this->m_Grid.GetItemText(i,2);
            sAddr=this->m_Grid.GetItemText(i,3);
            sPrice=this->m_Grid.GetItemText(i,6);
            sNumber=this->m_Grid.GetItemText(i,5);
            if(sWare.IsEmpty())
                break;
            sSQL.Format("SELECT * FROM 商品信息表 WHERE 名称='%s' AND 规格='%s'
            AND 产地='%s'",sWare,sSpec,sAddr);
            rst.Open(sSQL,adCmdText);
            rst.MoveFirst();
            sWareID=rst.GetFieldValue("编号");
            sSQL.Format("INSERT INTO 销售明细表 VALUES('%s','%s',%s,%s)",sID,sWareID,sPrice,sNumber);
            rst.Open(sSQL,adCmdText);
            //更新库存信息表
            CString sStoreNumber;
            sSQL.Format("SELECT * FROM 库存信息表 WHERE 商品编号='%s'
                AND 仓库=%s",sWareID,sStoreID);
            rst.Open(sSQL,adCmdText);
            if(rst.GetRecordCount()<1)                      //没有此种商品的库存信息
                sSQL.Format("INSERT INTO 库存信息表 VALUES('%s',%s,-%s)",sWareID,sStoreID,sNumber);
            else
            {
                sStoreNumber=rst.GetFieldValue("库存数量");
                sSQL.Format("UPDATE 库存信息表 SET 库存数量=%d WHERE 商品编号='%s'
                    AND 仓库=%s",atoi(sStoreNumber)-atoi(sNumber),sWareID,sStoreID);
            }
            rst.Open(sSQL,adCmdText);
        }
    }
    if(m_Caption=="销售退货管理")
    {
```

```cpp
        //添加到销售退货信息表中
        try
        {
            sSQL.Format("INSERT INTO  销售退货信息表  VALUES ('%s','%s',to_date('%s', 'yyyy-mm-dd'),
                %s,%s,%s,%s,%s,%s,%s,%s)",sID,sProvideID,sDate,sStoreID,sSumNumber,sSumMoney,
                sPay,sNoPay,sGiveChange,sOPID,sDearID);
            rst.Open(sSQL,adCmdText);
            //添加到销售退货明细表
            CString sWare,sWareID,sSpec,sAddr,sPrice,sNumber;
            for(int i=0;i<m_Grid.GetItemCount();i++)
            {
                //名称、规格、产地 3 个字段才能指定唯一的商品
                sWare=this->m_Grid.GetItemText(i,0);
                sSpec=this->m_Grid.GetItemText(i,2);
                sAddr=this->m_Grid.GetItemText(i,3);
                sPrice=this->m_Grid.GetItemText(i,6);
                sNumber=this->m_Grid.GetItemText(i,5);
                if(sWare.IsEmpty())
                    break;
                sSQL.Format("SELECT * FROM  商品信息表  WHERE  名称='%s' AND  规格='%s'
                    AND  产地='%s'",sWare,sSpec,sAddr);
                rst.Open(sSQL,adCmdText);
                rst.MoveFirst();
                sWareID=rst.GetFieldValue("编号");
                sSQL.Format("INSERT INTO  销售退货明细表  VALUES('%s','%s',%s,%s)",
                    sID,sWareID,sPrice,sNumber);
                rst.Open(sSQL,adCmdText);
                //更新库存信息表
                CString sStoreNumber;
                sSQL.Format("SELECT * FROM  库存信息表  WHERE  商品编号='%s'
                    AND  仓库=%s",sWareID,sStoreID);
                rst.Open(sSQL,adCmdText);
                if(rst.GetRecordCount()<1)//没有此种商品的库存信息
                    sSQL.Format("INSERT INTO  库存信息表  VALUES('%s',%s,%s)",
                    sWareID,sStoreID,sNumber);
                else
                {
                    sStoreNumber=rst.GetFieldValue("库存数量");
                    sSQL.Format("UPDATE  库存信息表  SET  库存数量=%d WHERE
                        商品编号='%s'AND  仓库=%s",atoi(sStoreNumber)+atoi(sNumber),sWareID,sStoreID);
                }
                rst.Open(sSQL,adCmdText);
            }
        }
        catch(_com_error e)
        {
```

```cpp
            TRACE(e.Description());
        }
    }
    if(m_Caption=="商品调拨管理")
    {
        CString sYStore,sYStoreID;
        this->m_EdtProvide.GetWindowText(sYStore);
        sYStoreID=ado.FieldToOtherField("仓库信息表","名称",sYStore,"编号",1);
        //添加到调拨信息表中
        sSQL.Format("INSERT INTO 调货信息表 VALUES ('%s',%s,%s,to_date('%s',
            'yyyy-mm-dd'),%s,%s,%s,%s)",sID,sYStoreID,sStoreID,sDate,sSumNumber,sSumMoney,sOPID,sDearID);
        rst.Open(sSQL,adCmdText);
        //添加到销售退货明细表
        CString sWare,sWareID,sSpec,sAddr,sPrice,sNumber;
        for(int i=0;i<m_Grid.GetItemCount();i++)
        {
            //名称、规格、产地 3 个字段才能指定唯一的商品
            sWare=this->m_Grid.GetItemText(i,0);
            sSpec=this->m_Grid.GetItemText(i,2);
            sAddr=this->m_Grid.GetItemText(i,3);
            sPrice=this->m_Grid.GetItemText(i,6);
            sNumber=this->m_Grid.GetItemText(i,5);
            if(sWare.IsEmpty())
                break;
            sSQL.Format("SELECT * FROM 商品信息表 WHERE 名称='%s' AND 规格='%s'
                AND 产地='%s'",sWare,sSpec,sAddr);
            rst.Open(sSQL,adCmdText);
            rst.MoveFirst();
            sWareID=rst.GetFieldValue("编号");
            sSQL.Format("INSERT INTO 调货明细表 VALUES('%s','%s',%s,%s)",sID,sWareID,sNumber,sPrice);
            rst.Open(sSQL,adCmdText);
            //更新库存信息表
            CString sStoreNumber;
            //将出货仓库中此种商品减去调拨数量
            sSQL.Format("SELECT * FROM 库存信息表 WHERE 商品编号='%s' AND
                仓库=%s",sWareID,sYStoreID);
            rst.Open(sSQL,adCmdText);
            if(rst.GetRecordCount()<1)//没有此种商品的库存信息
                sSQL.Format("INSERT INTO 库存信息表 VALUES('%s',%s,-%s)",sWareID,sStoreID,sNumber);
            else
            {
                sStoreNumber=rst.GetFieldValue("库存数量");
                sSQL.Format("UPDATE 库存信息表 SET 库存数量=%d WHERE 商品编号='%s'AND
                    仓库=%s",atoi(sStoreNumber)-atoi(sNumber),sWareID,sYStoreID);
            }
            rst.Open(sSQL,adCmdText);
```

```
//将收货仓库中此种商品加上调拨数量
sSQL.Format("SELECT * FROM 库存信息表 WHERE 商品编号='%s' AND
    仓库=%s",sWareID,sStoreID);
rst.Open(sSQL,adCmdText);
if(rst.GetRecordCount()<1)//没有此种商品的库存信息
    sSQL.Format("INSERT INTO 库存信息表 VALUES('%s',%s,%s)",sWareID,sStoreID,sNumber);
else
{
    sStoreNumber=rst.GetFieldValue("库存数量");
    sSQL.Format("UPDATE 库存信息表 SET 库存数量=%d WHERE 商品编号='%s'AND
        仓库=%s",atoi(sStoreNumber)+atoi(sNumber),sWareID,sStoreID);
}
rst.Open(sSQL,adCmdText);
    }
}
this->Enabled(true);
this->m_ButPrint.SetFocus();
}
```

24.11 小　　结

　　本章运用软件工程的设计思想，通过一个完整的汽配管理系统为读者详细讲解了一个系统的开发流程。通过本章的学习，读者应该掌握如何根据需求设计数据表和视图、如何封装 ADO 数据库操作，如何自定义按钮和组合框类。希望通过本章的内容讲解，能够丰富读者的开发经验、对日后的程序开发有所帮助。